移动开发 人才培养系列丛书

微信小程序
全栈开发技术与实战
（微课版）

+ 张引 赵玉丽◎主编
+ 张斌 张长胜◎副主编

人民邮电出版社
北京

图书在版编目（CIP）数据

微信小程序全栈开发技术与实战 : 微课版 / 张引, 赵玉丽主编. -- 北京 : 人民邮电出版社, 2022.12
（移动开发人才培养系列丛书）
ISBN 978-7-115-59210-1

Ⅰ. ①微… Ⅱ. ①张… ②赵… Ⅲ. ①移动终端－应用程序－程序设计 Ⅳ. ①TN929.53

中国版本图书馆CIP数据核字(2022)第070819号

内 容 提 要

微信小程序是一种无须下载、安装即可使用的应用工具。用户只需扫描二维码或搜索小程序的名称并单击该小程序的图标即可使用，非常便捷。因此，微信小程序在各领域得到了广泛的应用。

本书共 17 章，主要包括快速上手微信小程序，微信小程序的基础组件，微信小程序的交互设计，微信小程序的高级组件，微信小程序的数据访问与管理，微信小程序的分层架构，微信小程序的服务逻辑层实现，微信小程序的页面逻辑层与渲染层实现，多人协同开发的编码规范，代码管理、分支开发与 Git 仓库，多人协同开发的架构设计，多人协同开发实战，构建稳健的 Web 服务客户端，检查数据更新，传递导航参数，复杂列表渲染，跨页面数据同步等内容。通过学习本书，读者可以全面掌握微信小程序全栈开发技术，提高项目开发能力。

本书可以作为普通高等院校微信小程序开发课程的教材，也可作为微信小程序开发人员的参考书和广大计算机爱好者的自学用书。

◆ 主　　编　张　引　赵玉丽
　副 主 编　张　斌　张长胜
　责任编辑　许金霞
　责任印制　王　郁　陈　犇
◆ 人民邮电出版社出版发行　　北京市丰台区成寿寺路 11 号
　邮编　100164　　电子邮件　315@ptpress.com.cn
　网址　https://www.ptpress.com.cn
　大厂回族自治县聚鑫印刷有限责任公司印刷
◆ 开本：787×1092　1/16
　印张：12.5　　　　2022 年 12 月第 1 版
　字数：323 千字　　2022 年 12 月河北第 1 次印刷

定价：49.80 元

读者服务热线：(010) 81055256　印装质量热线：(010) 81055316
反盗版热线：(010) 81055315
广告经营许可证：京东市监广登字 20170147 号

微信小程序是一种无须下载、安装即可使用的应用工具。用户只需扫描二维码或搜索小程序的名称并单击即可使用。随着信息技术的快速发展，微信小程序在各个领域中得到广泛应用，微信小程序开发技术也成为移动开发的热门技术。

在学习软件开发技术时，我们通常会认为只要掌握了所有的知识点，解决好所有的技术问题，就能以优化的方式开发复杂软件，然而，却时常事与愿违。其主要原因是复杂软件的开发不仅要求我们掌握足够多的知识，还要求我们能够将知识“以有意义的方式”连接起来。要想实现“以有意义的方式”连接知识，就需要读者具备以现实的标准分析并解决实际问题的能力，这对大部分人来说是有难度的。基于此，编者编写了本书，希望本书可以帮助读者以优雅的方式开发复杂的微信小程序。

本书通过一个完整的实例，系统地介绍了微信小程序的开发基础、交互设计、数据管理、分层架构、多人协同开发等多个方面的内容，同时涵盖了多种高级开发技术的应用。通过对本书的学习，读者不仅可以掌握微信小程序开发所需要的各种基本组件，还可以学会访问数据库、访问数据缓存、访问 Web 服务、异常处理、跨页面参数传递、基于事件的跨页面通信等技术，具备微信小程序开发的基本能力。同时，本书通过一个完整的微信小程序开发实例，详细解析微信小程序的需求分析、结构设计和开发过程，能够帮助读者全面提升解决实际问题的综合能力。

本书特色

（1）以项目为导向，边做边学

本书以一个完整的实例搭建内容框架，围绕项目的开发过程详细介绍微信小程序的基本知识。同时，本书结合实例进行知识点的讲解，将理论与实践相结合，既提升了读者的开发能力，又强化了读者的学习效果。

（2）遵循技术标准，知识体系严密

本书内容浅显易懂、知识体系严密，尽量遵循互联网行业的技术标准，使读者在具备微信小程序开发能力的同时，能够洞察微信小程序背后的设计思想，并且能够快速掌握可直接运用于实际生产的技术，培养读者微信小程序开发的“即战力”。

（3）内容形式丰富，配套立体化教学资源

本书以实例、拓展阅读、视频等方式讲解相关知识，以动手做、迈出小圈子等形式推动读者进行微信小程序的开发实践，从而激发读者学习的积极性。本书的重点、难点及实例，均配有微课视频讲解，读者扫描二维码即可观看视频。另外，本书还配套教学课件、教学大纲、源代码等教学资源，便于教师教学。

本书内容

为了更好地将理论与实践结合，提升读者的微信小程序开发能力，本书在内容框架搭建及实操案例设计方面做了精心的设计。本书的第 1 章介绍了微信小程序的开发环境、工具及基本概念；第 2 章介绍了微信小程序的基本组件；从第 3 章开始进入项目实例的开发，并介绍了微信小程序的交互设计；第 4 章介绍了微信小程序的高级组件；第 5 章介绍了各种类型数据的访问和管理方法；第 6 章～第 8 章介绍微信小程序的分层架构，以及服务逻辑层、页面逻辑层与渲染层的具体实现方法；第 9 章～第 12 章介绍了多人协同开发的编码规范、工具及架构设计；第 13 章～第 17 章介绍了一系列高级开发技术，主要包括构建稳健的 Web 服务客户端、检查数据更新、传递导航参数、复杂列表渲染，以及跨页面数据同步等内容。

编者分工

本书由张引、赵玉丽担任主编，张斌、张长胜担任副主编。所有编者均来自一线教学的教师，长期从事软件开发等相关课程的教学工作。

编者

2022 年 8 月

目录

Contents

第1章 快速上手微信小程序

1.1 系统与环境要求……1
1.2 安装微信开发者工具……2
1.3 Hello World 项目……3
1.3.1 创建 Hello World 项目……3
1.3.2 设置微信开发者工具……4
1.3.3 微信开发者工具的界面……5
1.3.4 编写 WXML 代码……6
1.3.5 编写 JavaScript 代码……7
1.4 微信小程序的基本概念……8
1.5 动手做……9
1.6 迈出小圈子……9

第2章 微信小程序的基础组件

2.1 视图容器与 WXSS……10
2.2 输入框 input……13
2.2.1 bindinput 属性……14
2.2.2 input 组件与数据绑定……15
2.3 选择器 picker……16
2.4 开关选择器 switch……18
2.5 弹出对话框 showModal……18
2.6 滑动选择器 slider……19
2.7 学习组件的固定模式……20
2.8 动手做……21
2.9 迈出小圈子……21

第3章 微信小程序的交互设计

3.1 了解参考项目……23
3.2 描绘图形界面……25
3.2.1 纸面原型图……25
3.2.2 线框图……26
3.2.3 原型工具……27
3.3 形成操作动线……27
3.4 识别已知，探索未知……28
3.5 动手做……31
3.6 迈出小圈子……31

第4章 微信小程序的高级组件

4.1 列表渲染……32
4.1.1 显示数组数据……32
4.1.2 获取用户单击的索引……34
4.2 导航选项卡 tabBar……36
4.2.1 新建页面……36
4.2.2 创建导航选项卡……38
4.2.3 修改导航选项卡的样式……39
4.3 微信小程序的导航……40
4.3.1 页面导航……40
4.3.2 选项卡导航……42
4.4 动手做……42
4.5 迈出小圈子……43

第5章 微信小程序的数据访问与管理

5.1 微信小程序的数据访问与管理方法……44
5.2 数据缓存……45
5.3 “小程序·云开发”数据库……46
5.3.1 准备数据库集合……46
5.3.2 访问数据库……48
5.3.3 回调函数与数据绑定……50
5.4 访问 Web 服务……52
5.5 动手做……54
5.6 迈出小圈子……54

第6章

微信小程序的分层架构

6.1 渲染层与逻辑层……56
6.1.1 WXML 文件与 JS 文件的关系……56
6.1.2 小程序的渲染层实现……58
6.1.3 小程序的逻辑层实现……59
6.1.4 渲染层与逻辑层之间的通信……59
6.2 逻辑层的进一步划分……61
6.2.1 微信小程序逻辑层的问题……61
6.2.2 重构 Database 项目……62
6.2.3 页面逻辑层与服务逻辑层……64
6.3 动手做……65
6.4 迈出小圈子……65

第7章

微信小程序的服务逻辑层实现

7.1 开发切入点的选择……66
7.2 诗词存储服务的设计……67
7.2.1 获取给定的诗词……67
7.2.2 获取满足给定条件的诗词数组……68
7.3 诗词存储服务的实现……70
7.3.1 引入数据库服务……70
7.3.2 实现获取满足给定条件的诗词数组……71
7.3.3 实现获取给定的诗词……72
7.4 诗词存储服务的测试……73
7.5 动手做……74
7.6 迈出小圈子……75

第8章

微信小程序的页面逻辑层与渲染层实现

8.1 搜索结果页的逻辑层实现……76
8.1.1 基础逻辑实现……76
8.1.2 无限滚动与 onReachBottom……77
8.2 搜索结果页的渲染层实现……82
8.3 搜索结果页的测试……83
8.4 动手做……84
8.5 迈出小圈子……85

第9章 多人协同开发的编码规范

9.1 命名规范 86
9.1.1 变量的命名规范 86
9.1.2 成员的命名规范 90
9.2 排版规范 91
9.2.1 JavaScript 排版规范 91
9.2.2 WXML 排版规范 91
9.3 注释规范 92
9.3.1 行级注释规范 92
9.3.2 对象级注释规范 93
9.4 动手做 94
9.5 迈出小圈子 94

第10章 代码管理、分支开发与Git仓库

10.1 准备工作 96
10.2 将项目发布到 Gitee 97
10.3 添加仓库成员 101
10.4 克隆仓库 102
10.5 同步更改 104
10.6 解决冲突 106
10.7 撤销更改 109
10.8 分支开发 111
10.9 动手做 115
10.10 迈出小圈子 115

第11章 多人协同开发的架构设计

11.1 分层架构设计 116
11.2 渲染层设计 117
11.3 页面逻辑层设计 120
11.4 审视相关的页面 122
11.5 服务逻辑层设计 123
11.6 动手做 125
11.7 迈出小圈子 126

第12章 多人协同开发实战

12.1 今日推荐页的渲染层实现 127
12.1.1 创建今日推荐页 127
12.1.2 创建渲染层分支 128
12.1.3 绝对布局 129

12.1.4 image 组件的剪裁与缩放模式 130
12.1.5 条件渲染 130
12.1.6 设计时数据 131
12.1.7 提交并推送渲染层分支 132
12.2 今日推荐页的页面逻辑层实现 133
12.2.1 创建页面逻辑层分支 133
12.2.2 创建函数与变量 134
12.2.3 实现 showDetailButtonBindTap 函数 135
12.2.4 实现 onLoad 函数 135
12.3 动手做 137
12.4 迈出小圈子 137

第 13 章 构建稳健的 Web 服务客户端
13.1 Web 服务的访问错误 138
13.2 警告服务 140
13.3 获取访问 Token 141
13.4 偏好存储 143
13.5 缓存访问 Token 144
13.6 设置访问 Token 145
13.7 准备备用方案 147
13.8 动手做 149
13.9 迈出小圈子 149

第 14 章 检查数据更新
14.1 图片更新的检查策略 150
14.2 实现图片信息存储 151
14.3 实现今日图片服务 153
14.4 动手做 156
14.5 迈出小圈子 157

第 15 章 传递导航参数
15.1 利用“快递柜”传递导航参数 158
15.1.1 实现 navigationService 158
15.1.2 利用 navigationService 传递导航参数 160
15.2 利用页面间事件通信通道传递导航参数 161
15.2.1 实现 navigationService2 161
15.2.2 利用 navigationService2 传递导航参数 161
15.3 两种方法的对比 163

15.4 利用“快递柜”传递选项卡导航参数 ······ 163
15.5 导航到推荐详情页 ······ 164
15.5.1 合并分支 ······ 164
15.5.2 添加推荐详情页 ······ 165
15.6 动手做 ······ 166
15.7 迈出小圈子 ······ 167

第16章 复杂列表渲染

16.1 来自诗词搜索页的挑战 ······ 168
16.2 诗词搜索页的页面逻辑层 ······ 169
16.2.1 基础变量 ······ 169
16.2.2 设置搜索条件 ······ 171
16.2.3 添加与删除搜索条件 ······ 172
16.2.4 执行搜索 ······ 173
16.2.5 读取导航参数 ······ 174
16.3 诗词搜索页的渲染层 ······ 175
16.4 动手做 ······ 176
16.5 迈出小圈子 ······ 176

第17章 跨页面数据同步

17.1 诗词收藏的基本方法 ······ 177
17.1.1 添加收藏存储 ······ 177
17.1.2 添加诗词详情页 ······ 179
17.1.3 导航到诗词详情页 ······ 182
17.1.4 添加诗词收藏页 ······ 183
17.1.5 基本方法存在的问题 ······ 187
17.2 回调函数驱动的诗词收藏 ······ 187
17.2.1 收藏存储已更新回调函数 ······ 187
17.2.2 关联回调函数 ······ 188
17.3 动手做 ······ 189
17.4 迈出小圈子 ······ 189
17.5 下一步的学习 ······ 190

第1章 快速上手微信小程序

欢迎来到微信小程序的世界！在这里，我们将一起从开发者的角度深入地学习如何开发一个微信小程序。

强调“开发者”，是因为我们不是从计算机爱好者的角度出发，介绍如何开发一个“简单”的微信小程序。而是站在开发者的角度，探讨如何遵照规范的软件开发过程，开发一个架构优雅、程序代码优美、用户交互流畅、符合软件行业技术标准的微信小程序。

强调“深入”，是因为我们不会致力于在本书中大量而泛泛地介绍与微信小程序开发有关的各种技术。而是聚焦在几十种微信小程序开发的关键技术上，深入地讨论它们的技术细节，并探索如何将它们以连贯且有意义的形式整合起来，从而切实地解决现实问题。

> 开发微信小程序所需要的所有技术资料，几乎都可以从微信官方文档中找到，因此完全没有必要在书中呈现。然而，官方文档只介绍了如何使用这些技术，没有介绍如何有机地整合这些技术并解决现实问题，而解决现实问题正是本书的价值所在。

强调“一个”，是因为我们不会介绍多个所谓“开发实例”，而是侧重于一个微信小程序项目的完整开发周期，并呈现由技术储备、交互设计、数据管理、分层架构、多人协同开发及高级技术运用等环节组成的完整开发流程。Daily Poetry X-Mini 是本书唯一的实例。我们会从第 3 章开始开发这个实例，同时我们所有的学习也将随着这个实例的开发而逐步展开。

听起来很复杂，但同时又有点儿激动是不是？别紧张，我们的理念是“轻理论，重实践”。让我们把概念放在一边，先完成软件安装，再尝试开发一个 HelloWorld 小程序项目，踏上我们的微信小程序开发之路吧！

1.1 系统与环境要求

关于系统与环境要求，我们有一个好消息和一个坏消息。

好消息是，微信小程序开发的门槛非常低。任何安装有 Windows 7 及以上版本，或 macOS Mojave 及以上版本操作系统的计算机，都能开发微信小程序。尽管微信小程序平时都在手机的微信软件中运行，但在开发过程中，我们根本不需要手机。这是由于微信开发者工具会帮助我们在计算机中模拟一台手机，甚至可以方便地选择手机的型号，如图 1-1 所示。

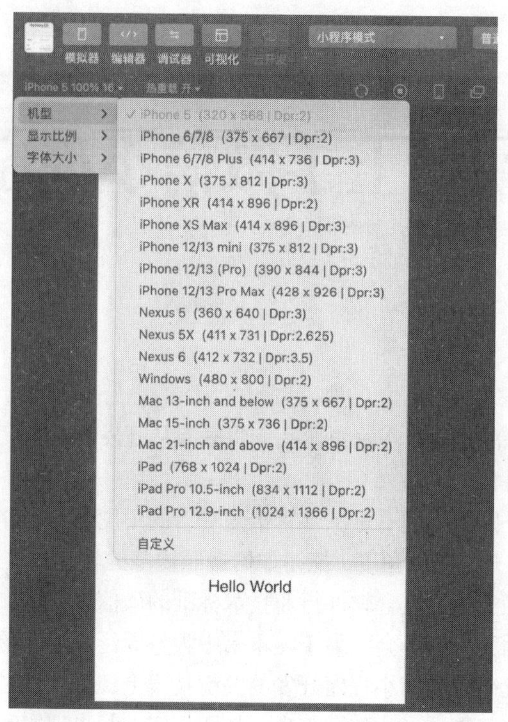

图 1-1 在微信开发者工具中选择模拟的手机型号

但是，微信开发者工具在启动时还需要通过微信软件扫描二维码登录才能使用。因此，我们至少需要准备一台安装有微信的手机。

接下来说说坏消息。截至本书定稿时，微信开发者工具还不能很好地支持 Linux 操作系统。“不能很好地支持”的意思是，尽管腾讯公司官方并没有提供微信开发者工具 Linux 版本的下载地址，并且在绝大多数 Linux 发行版的官方仓库中也找不到微信开发者工具，但在国产操作系统“统信 UOS”（及其社区版本“深度操作系统”）的软件商店中，我们是可以下载微信开发者工具的。然而不幸的是，截至本书定稿时，这个版本的微信开发者工具并不能正常地运行。对于类似编者这样的重度 Linux 用户来讲，这实在不是一个好消息。由于微信开发者工具本身是基于 Web 技术开发的，理论上将其迁移到 Linux 操作系统下并不存在太多的技术问题。因此，我们也期待腾讯公司能够尽早提供 Linux 版本的微信开发者工具。

1.2 安装微信开发者工具

要开发微信小程序，我们首先需要安装微信开发者工具，可以从微信公众平台下载微信开发者工具。为此，我们需要在搜索引擎中搜索“微信公众平台”，查找到微信公众平台的官方网站。在微信公众平台的官方网站，我们可以单击“小程序开发文档”链接，在打开的页面的左侧导航栏中找到“起步”，单击“安装开发者工具”链接，并前往“开发者工具下载页面”。接下来，我们就可以下载 Windows 64 稳定版微信开发者工具。

微信开发者工具的安装是非常简单的，我们只需要单击“下一步”就可以了。安装好之后，还不能马上启动微信开发者工具，而要在微信公众平台注册小程序账号。在注册小程序账号时，我们需要提供一个可用的邮箱作为账号。腾讯公司会向我们提供的邮箱发送一封邮件来验证我们的邮箱，并激活我们的小程序账号。接下来，我们还需要登记小程序账号的用户主体信息。如果将主体登记为个人，则需要提供身份证姓名、身份证号码、手机号码等信息。最后，我们还需要使用自己的微信扫描二维码来验证身份信息。小程序账号注册完成之后，我们就可以启动微信开发者工具，并使用我们的手机微信扫描二维码来登录微信开发者工具，启动并登录后的微信开发者工具如图 1-2 所示。

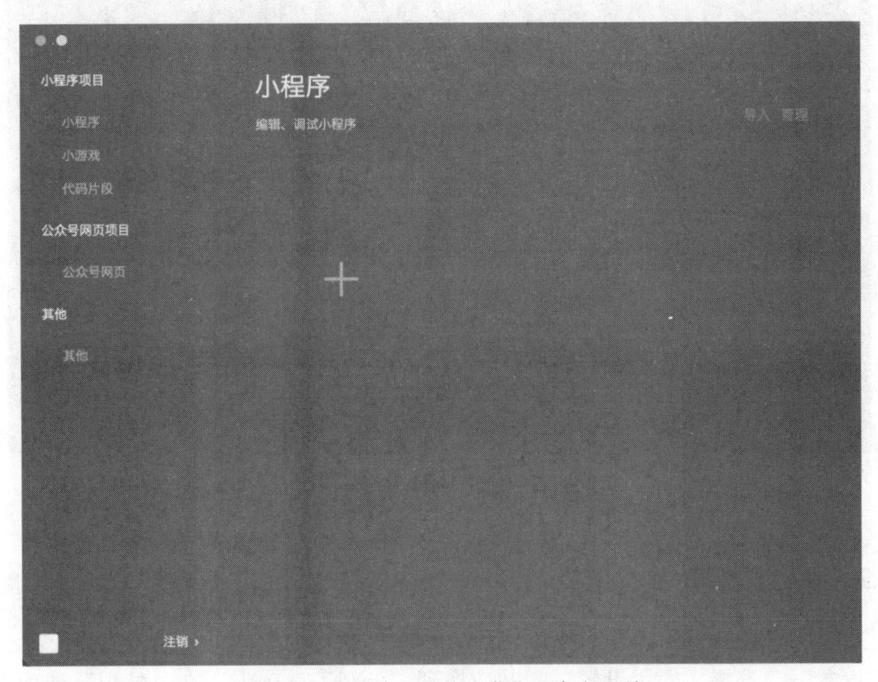

图 1-2　启动并登录后的微信开发者工具

1.3 Hello World 项目

按照传统惯例，我们应该编写一个 Hello World 项目。可以先参考下面的视频来编写代码。编写完成之后，我们再来看看这段代码都涉及哪些内容。

要了解如何编写 Hello World 项目，请访问右侧二维码。

Hello World 项目

1.3.1　创建 Hello World 项目

要创建 Hello World 项目，首先要启动微信开发者工具，并单击“+”。接下来，要将项目名称修改为 Hello World，并将目录中的目录名也修改为 Hello World，如图 1-3 所示。我们需要为每一个小程序都指定一个 AppID。为了能够尽快开始编写程序，暂时单击“测试号”，使用自动生成的 AppID。最后，将开发模式设置为“小程序”，并将语言设置为“JavaScript”，单击“新建”。

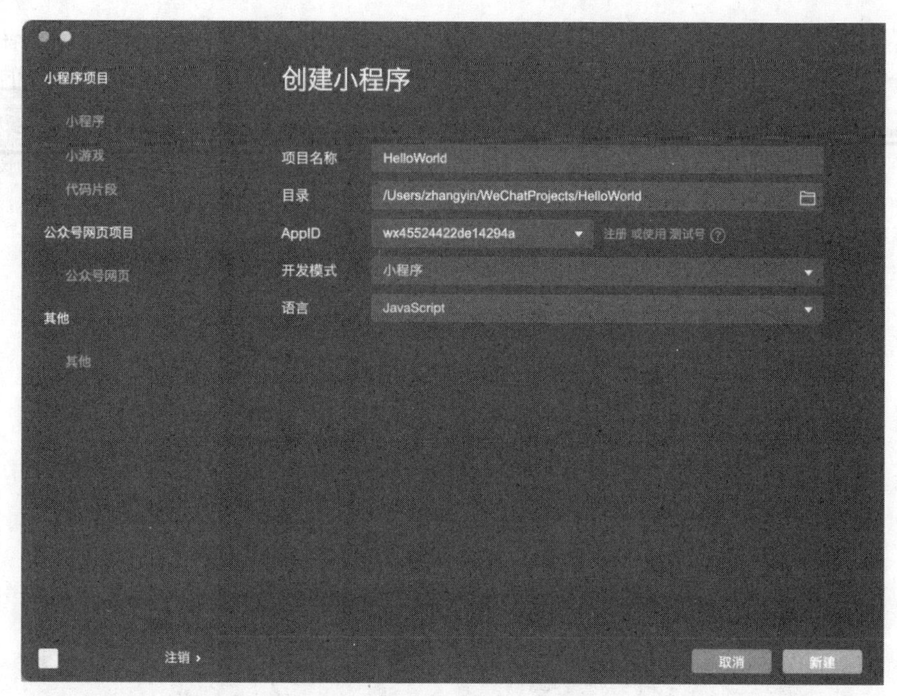

图 1-3　创建 Hello World 项目

1.3.2　设置微信开发者工具

在创建好项目之后，我们先不要急着开始开发，而要设置一下微信开发者工具。在菜单中单击“设置”，选择“通用设置”，并切换到“外观”选项卡。在“外观”选项卡中，我们可以设置微信开发者工具的主题。不习惯深色主题的读者，可以切换到浅色主题，如图 1-4 所示。

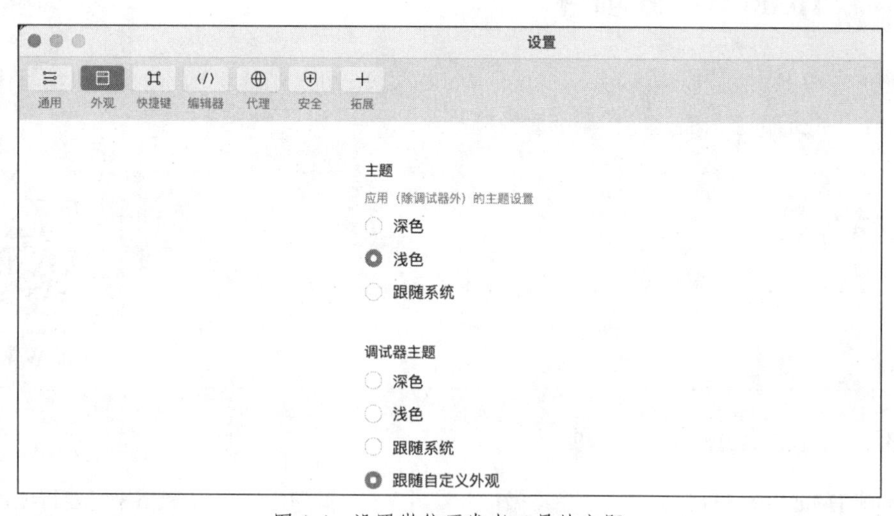

图 1-4　设置微信开发者工具的主题

接下来，我们切换到“编辑器”选项卡，按照图 1-5 所示进行编辑器设置。

型号。

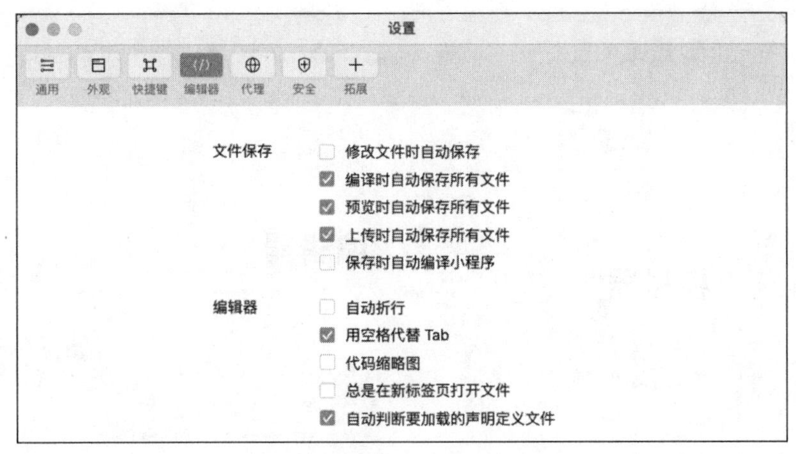

图 1-5　微信开发者工具编辑器设置

相比于默认设置，我们取消选中"保存时自动编译小程序"。选中"保存时自动编译小程序"，则会在我们每次保存文件时重新编译小程序。这会导致 3 方面的问题。首先，编译小程序会消耗大量的时间，拖慢保存文件的速度，从而影响我们的开发体验。其次，在开发过程中，我们会经常保存文件，避免丢失代码，而这些还未完成的程序通常不能通过编译，因此，在保存时编译程序会产生大量没有意义的错误，从而分散我们的注意力。最后，每次编译后，模拟器中的内容都会恢复到初始状态，如果我们需要参考模拟器中的内容来编写代码，那么这种行为就会对我们的开发过程造成干扰。

我们还取消选中"自动折行"。由于自动折行可能会导致代码出现类似下面的换行效果：

```
    myObject.functionCall("some parameter").nextCall("some other parameter").
lastCall(1024);
```

我们能看到，自动折行导致单词从中间"断开"了。这显然会影响我们的阅读。同时，自动折行也不能保证换行的结果是意义明确、方便阅读的。因此，我们取消选中"自动折行"，手动对代码换行。上面代码的手动换行结果如下：

```
myObject.functionCall("some parameter")
   .nextCall("some other parameter")
   .lastCall(1024);
```

可以看到，我们可以在函数调用处进行手动换行，从而确保换行的结果意义明确，同时方便我们阅读代码。

此外，我们保留了在编译、预览、上传时自动保存所有文件的功能。

1.3.3　微信开发者工具的界面

完成了主题和编辑器设置之后，我们来了解一下微信开发者工具的界面。微信开发者工具的界面主要包括 3 个部分，即模拟器、编辑器以及调试器，如图 1-6 所示。

（1）模拟器用于显示和运行微信小程序。1.1 节已经提到过，我们可以在模拟器中选择手机的型号。

（2）编辑器用于编写代码。要想在编辑器中打开文件，我们首先需要在编辑器左侧的"资源管理器"中找到需要编辑的文件，双击它，即可在编辑器中编辑。

（3）调试器用于调试微信小程序。我们会在后面的章节介绍如何使用调试器。

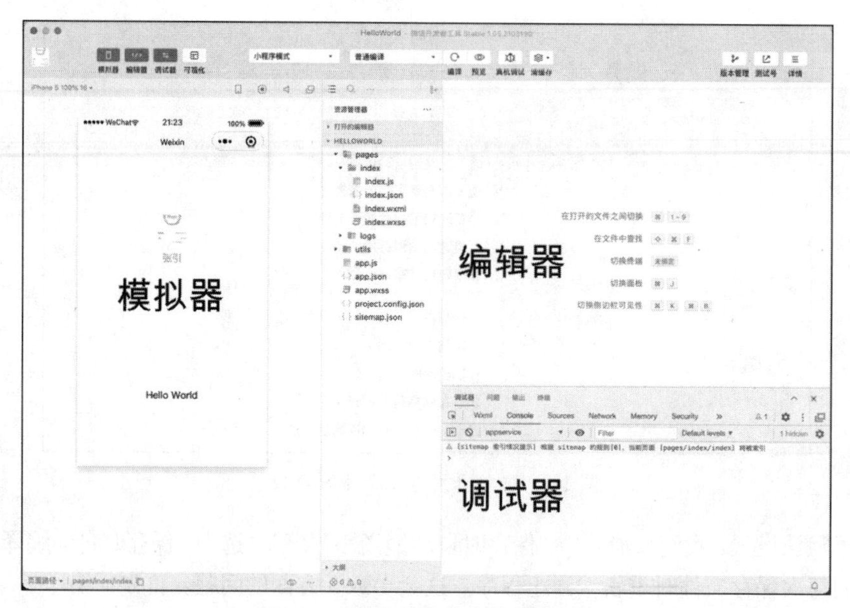

图 1-6　微信开发者工具的界面

1.3.4　编写 WXML 代码

我们首先编写 WXML 代码。WXML 用来编写微信小程序的界面。在“资源管理器”中展开 pages→index 文件夹，双击 index.wxml，就可以在编辑器中打开 index.wxml 文件，文件内容如图 1-7 所示（为了节省空间，这里关闭了模拟器和调试器）。

图 1-7　打开 index.wxml 文件

接下来，我们删除 index.wxml 中所有的代码，并替换为如下内容：

```
<view>
  <button bindtap="button_bindtap">Click Me!</button>
  <text>{{ result }}</text>
</view>
```

上述代码如果让你觉得困惑的话，那么尝试用“英语”而不是“计算机语言”去理解这些代码，可能会觉得简单一些。将上面的代码“翻译”成中文，差不多就是下面的形式。

（1）视图（view）中有一个按钮（button）和一个文本（text）。

（2）对于按钮（button）来说：

① 绑定单击（bindtap）到 button_bindtap 函数（本书会在 1.3.5 节介绍 button_bindtap 函数）；

② 按钮（button）的内容是“Click Me!”。

（3）对于文本（text）来说：文本（text）的内容是 result 变量的值。

上述代码中特别让人费解的部分，可能是“{{ }}”。它的“学名”叫“数据绑定”。知道它的“学名”可能没有让我们理解它的作用是什么。现在，我们只需要知道：

```
<text>{{ result }}</text>
```

会让文本显示出 result 变量的值就可以了。至于 result 变量的值是什么？我们很快就会知道。

我们不如运行一下微信小程序。单击微信开发者工具顶部工具栏中的“编译”按钮，就可以在模拟器中看到运行效果了，如图 1-8 所示。

图 1-8 微信小程序的运行效果

如果单击“Click Me!”按钮的话，会发现没有任何效果。如果打开调试器，并切换到“Console”选项卡的话，会看到图 1-9 所示的内容。

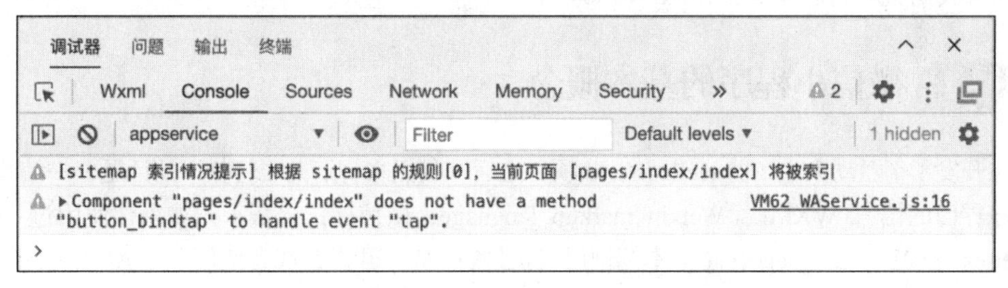

图 1-9 单击“Click Me!”按钮后的错误提示

图 1-9 提示的错误是：

```
Component "pages/index/index" does not have a method "button_bindtap" to handle event "tap".
```

产生这个错误，是因为我们还没有编写 JavaScript 代码。没关系，只要能看到“Click Me!”按钮，并且在单击按钮后能够触发上面的错误，就说明 WXML 代码已经没有问题了！接下来，我们编写 JavaScript 代码。

1.3.5 编写 JavaScript 代码

在“资源管理器”的 pages→index 文件夹中，双击 index.js，删除其中的代码，并替换为如下的代码：

```
Page({
  button_bindtap: function () {
    this.setData({
      result: "Hello World!"
    });
  }
})
```

我们再次尝试用“英语”来理解一下上述代码。

对于页面（page）：button_bindtap 是一个函数（function），它的功能是设置数据（setData），即将 result 变量的值设置为“Hello World!”。

真相大白！button_bindtap 实际上是一个函数，它会将 result 变量的值设置为“Hello World!”。由于我们在 WXML 代码中使用：

```
<text>{{ result }}</text>
```

将文本的内容绑定为 result 变量的值，因此，button_bindtap 函数执行之后，微信小程序中应该会显示“Hello World!”。让我们来测试一下。如果一切正常的话，测试效果如图 1-10 所示。

图 1-10　微信小程序的测试效果

这样我们就顺利地开发了 Hello World 项目。

1.4 微信小程序的基本概念

在开发了“激动人心”的 Hello World 项目之后，我们来聊点儿“轻松”的话题——编写微信小程序界面的语言 WXML（Weixin markup language，微信标记语言）。如果你使用过 HTML（hypertext markup language，超文本标记语言）进行 Web 开发，或者使用过 XAML（extensible application markup language，可扩展应用程序标记语言）进行.NET 开发，又或者使用过 XML（extensible markup language，可扩展标记语言）进行 Android 开发的话，你一定不会觉得 WXML 陌生。如果你没有上述开发经验的话，也完全没有关系，我们之后会详细地学习 WXML。如果你想提前了解一下 WXML，可以访问微信官方文档。

除了 WXML，我们还需要使用 JavaScript 来实现微信小程序的逻辑功能。如果你之前学习过 C 语言，那么 JavaScript 对你来讲应该不会很陌生。如果你曾经使用过 C++、C#或 Java，那么上手 JavaScript 就更加容易了。如果你有过一定的 C++、C#或 Java 开发经验，那么你基本上不需要学习 JavaScript 便能顺利地学习本书的内容[1]。如果你打算学习 JavaScript，可以从 W3School 上找到一些不错的参考资料。

1 在本书中，我们会尽量绕过 JavaScript 的一些“特性”，例如 this 和原型链，而是像使用 C#和 Java 等传统的、静态的面向对象语言那样来使用 JavaScript。

在使用 WXML 编写小程序的界面时，我们还需要使用 WXSS 来设置样式。WXSS（Weixin style sheets，微信样式表）与 CSS（cascading style sheets，层叠样式表）高度相似。如果你曾在 Web 开发中使用过 CSS，那么你基本上已经了解如何使用 WXSS 了。我们会在后面的章节详细地介绍 WXSS。如果你想了解一下 CSS（或者说 WXSS，因为它们实在是太相似了），也可以从 W3School 上找到很多参考资料。

1.5 动手做

我们会在“动手做”环节中安排一些练习内容。这些内容不是通常意义上的习题，而是我们学习内容的一部分。通过这些内容，你将能够发现一些有趣的技术，体会什么叫“实践出真知”。请一定要完成这些内容，并对结论做出充分的反思。

（1）bindtap 并不是 button 的专利。将 button 替换为 text，效果如图 1-11 所示，再单击“Click Me!”，会得到什么样的效果？

图 1-11　将 button 替换为 text 后的效果

（2）继续上面的操作，将“Click Me!”对应的 text 替换为 view，又会得到什么样的效果？

（3）结合动手做（1）和动手做（2），你能得到什么结论？

1.6 迈出小圈子

我们会在“迈出小圈子”环节中安排一些帮助你突破既有思维的活动。这些活动通常是开放性的，并且没有确定的答案。在这些活动中，你将能看到微信小程序以外的世界。这些内容不仅有助于我们摆脱微信小程序开发所带来的思维定式，也有助于你在未来迁移到不同的开发平台。

（1）用不同的搜索引擎，比如搜狗、百度、必应等，搜索一下数据绑定语法“{{ }}”（中间加不加空格都可以），看看不同的搜索引擎各自会返回什么结果？由此你能得到什么结论？

（2）阅读一下搜索结果，了解一下除了微信小程序之外，还有哪些平台或框架在使用“{{ }}”？你能找到是谁或者什么平台/框架最早使用“{{ }}”的吗？

第2章 微信小程序的基础组件

在 Hello World 项目中，我们分别使用 button 组件和 text 组件来呈现一个按钮以及一段文本。在微信小程序、其他客户端开发平台（如 Android、iOS）和前端开发平台（如 Vue.js 等）中，这类用于呈现可视化元素的东西被称为“组件”。在开发任何客户端应用时，我们几乎都需要使用组件。鉴于组件如此重要，我们有必要先来学习一些组件。

截至本书定稿时，腾讯公司为微信小程序提供了几十种不同的组件。很多第三方公司和团队（如视图更新、有赞等）也为微信小程序开发了大量的组件。这就带来了一个问题：我们需要学习所有的组件吗？

答案自然是不需要。

通过简单的学习我们就能发现，使用组件时具有非常固定的模式。只需要学习几个典型的组件，我们就能够发现这种固定模式。在本章中，我们将学习典型的组件和功能，并从中发现学习与使用组件的固定模式。利用这些组件，我们就可以着手构建属于我们自己的微信小程序了。

2.1 视图容器与 WXSS

在各种组件中，有一类特殊的组件，它们主要用于决定其他组件显示在哪里，我们称这类组件为“视图容器”。我们在 Hello World 项目中曾使用过的 view 组件就是视图容器。

view 组件非常类似于 HTML 中的 div。我们首先通过一个例子来了解一下 view 组件的用法。

要了解 view 组件的用法，请访问右侧二维码。

view 组件的用法

在上面的视频中，我们将 index.wxml 中的内容替换[1]为：

```
<!-- index.wxml -->
<view>
  <view>
    <view>Lorem Ipsum</view>
    <view>Lorem ipsum dolor sit amet, consectetur adipiscing elit, sed do eiusmod tempor incididunt ut labore et dolore magna aliqua.</view>
```

1 按照视频中的介绍替换 index.js 中的内容。

```
    <view>Ut enim ad minim veniam</view>
  </view>
</view>
```

这组 view 组件的显示效果如图 2-1 所示。

图 2-1 view 组件的显示效果

这与我们在第 1 章看到的 view 组件没有什么区别。为了“决定其他组件显示在哪里”，我们还需要使用 WXSS。首先，我们为这组 view 组件添加 class 属性：

```
<view class="contentBlock">
  <view class="contentHeader">Lorem Ipsum</view>
  <view class="content">Lorem ipsum dolor ...
  <view class="contentFooter">Ut enim ...
</view>
```

有了 class 属性之后，我们就可以使用 WXSS 文件来设置 view 组件的样式了。首先，我们为最外层的 view 组件，也就是为 class="contentBlock"的 view 组件设置样式。我们将 index.wxss 中的内容替换为：

```
/* index.wxss */
.contentBlock {
  background-color: #00000066;
  color: #ffffff;
}
```

在上面的代码中，.contentBlock 表示我们要为 WXML 文件中 class="contentBlock"的组件设置样式。接下来的部分用“英语”来理解就可以了。background-color 表示背景色，color 表示颜色。

#ffffff 和#00000066 是 RGB 颜色。#ffffff 代表白色，#000000 代表黑色。#00000066 的最后两位 66，代表透明度。因此，#00000066 代表颜色为半透明的黑色。

> 我们不会过多地介绍 RGB 颜色。事实上，RGB 颜色是非常简单的。你可以从 W3School 了解到关于 RGB 颜色的更多内容。

现在 view 组件的显示效果如图 2-2 所示。

图 2-2 设置了背景色和颜色之后的显示效果

效果看起来好一点了，不过我们还是能发现很多问题：

（1）我们希望文字不要紧贴着边框，这会给人很强的压迫感；

（2）我们希望第一行文字充当标题，因此它的字号应该大一些，并且居中显示；

（3）我们希望最后一行文字充当页脚，因此它的背景色应该比其他部分更深一点。

要解决第一个问题，我们需要为 contentHeader、content 以及 contentFooter 添加衬距：

```
.contentHeader, .content, .contentFooter {
  padding: 16rpx;
}
```

在上面的代码中，我们使用逗号来分隔不同的 class，并将它们的衬距统一设置为 16rpx，rpx 是微信小程序中的尺寸单位。现在，文字就不会紧贴着边框了，此时 view 组件显示效果如图 2-3 所示。

图 2-3　设置了衬距之后的显示效果

接下来，我们设置 contentHeader 的样式：

```
.contentHeader {
  font-size:  x-large;
  text-align: center;
}
```

上面这段代码用“英语”就能很容易地理解，font-size 表示字号，x-large 为特大，text-align 表示文本对齐，center 为居中。这段代码实现的效果如图 2-4 所示。

图 2-4　设置了字号和文本对齐之后的显示效果

最后，我们设置 contentFooter 的样式：

```
.contentFooter {
  background-color: #00000066;
}
```

上面这段代码将 contentFooter 的背景色设置成了半透明的黑色。由于 contentFooter 位于 contentBlock 之内，并且 contentBlock 的背景色也是半透明的黑色，因此它们的背景色会发生叠加，显示效果如图 2-5 所示。

图 2-5　背景色叠加后的显示效果

正如名字所说的那样，视图容器的主要功能是作为“容器”来“放置”其他组件。将视图容器与 WXSS 相结合，我们就能够决定其他组件的显示位置了。当然，由于 WXSS 的功能非常强大，我们还可以通过 WXSS 来设置视图容器及其所容纳的组件的字号、背景色等样式。

当然，视图容器和 WXSS 的功能还远不止这些。不过，为了防止读者过深地“陷入”细节，我们对视图容器和 WXSS 的介绍就告一段落。在后面的章节中，我们还会多次使用视图容器和 WXSS，并不断地介绍关于它们的新知识。

要了解更多的视图容器组件，请访问微信官方文档。

2.2 输入框 input

在学习了视图容器组件之后，我们来学习一下普通组件。“输入框”可能是特别常见的一种普通组件。在微信小程序中任何需要输入文本的地方，我们都能见到它。接下来，我们就来学习一下如何在微信小程序中使用输入框。

要了解 input 组件的使用方法，请访问右侧二维码。

input 组件的使用方法

在微信小程序中使用输入框是非常简单的，我们只需要使用 input 组件：

```
<!-- index.wxml -->
<view class="control">
  <input />
</view>
```

就可以显示出输入框，如图 2-6 所示。

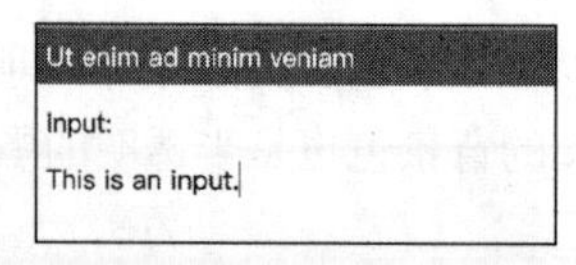

图 2-6　输入框的显示效果

不过，要从 input 组件中读取用户输入的内容，却有些麻烦。首先，我们没有办法直接从 input 组件中读取内容。因此，如果你曾经使用过其他前端或客户端开发平台，并期望采用如下的方式读取 input 组件的内容的话，你可能要失望了。

```
<!-- In *.wxml, this won't work. -->
<input id="myInput" />

// In *.js, this won't work.
var inputText = myInput.Text;
```

那么，如何才能读取 input 组件的内容呢？微信小程序为我们提供了两种方法："bindinput 属性"和"数据绑定"。

2.2.1　bindinput 属性

我们首先来了解第一种方法。还记得我们是如何在 HelloWorld 项目中处理用户单击的吗？我们首先在 index.wxml 中设置 button 组件的 bindtap 属性，将它关联到 button_bindtap 函数：

```
<!-- index.wxml, the HelloWorld project -->
<button bindtap="button_bindtap">Click Me!</button>

// index.js
button_bindtap: function () {
  ...
```

这样，当用户单击按钮（button 组件）时，就会执行 button_bindtap 函数。input 组件的 bindinput 属性与 button 组件的 bindtap 属性类似，我们也需要将它关联到函数 inputBindInput：

```
<!-- index.wxml, the Controls project -->
<input bindinput="inputBindInput" />
```

上面的代码会在用户输入内容时执行 inputBindInput 函数。并且，bindinput 属性关联的函数需要接收一个参数 e：

```
// index.js
inputBindInput: function(e) {
  ...
```

这样，我们就可以通过参数 e 的 detail 属性的 value 属性获得用户输入的内容了：

```
inputBindInput: function(e) {
  console.log(e.detail.value);
},
```

切换到调试器的"Console"选项卡，并在输入框中随便输入一些内容，看看"Console"中会显示出什么？

当然，你一定会很纠结于"参数 e 的 detail 属性的 value 属性"这种陈述，并觉得自己肯定记不住怎么才能通过参数 e 获得用户输入的内容。事实上，在使用 JavaScript 语言时，绝大多数人都无法很容易地记住类似 e.detail.value 这样复杂的调用。我们通常需要重新翻查一下参考资料，因此你可能需要把本书保存好，以备不时之需。不过，除了参考资料之外，还有一个工具能够在这种时候帮你一把，这个工具就是调试器。

通过在“console.log”这一行设置断点，并在输入框中输入任意内容，我们就可以让微信小程序的执行过程暂停下来。如图 2-7 所示，首先，我们在调试器中找到与“index.js”对应的文件“index.js? [sm]”。接下来，我们在右侧单击“console.log”这一行的行号“3”，就可以设置断点了。最后，我们在输入框中输入“1”，小程序就会在断点处停下来。这个时候，我们就可以在“Scope”选项卡中查看参数 e 的值了[1]。

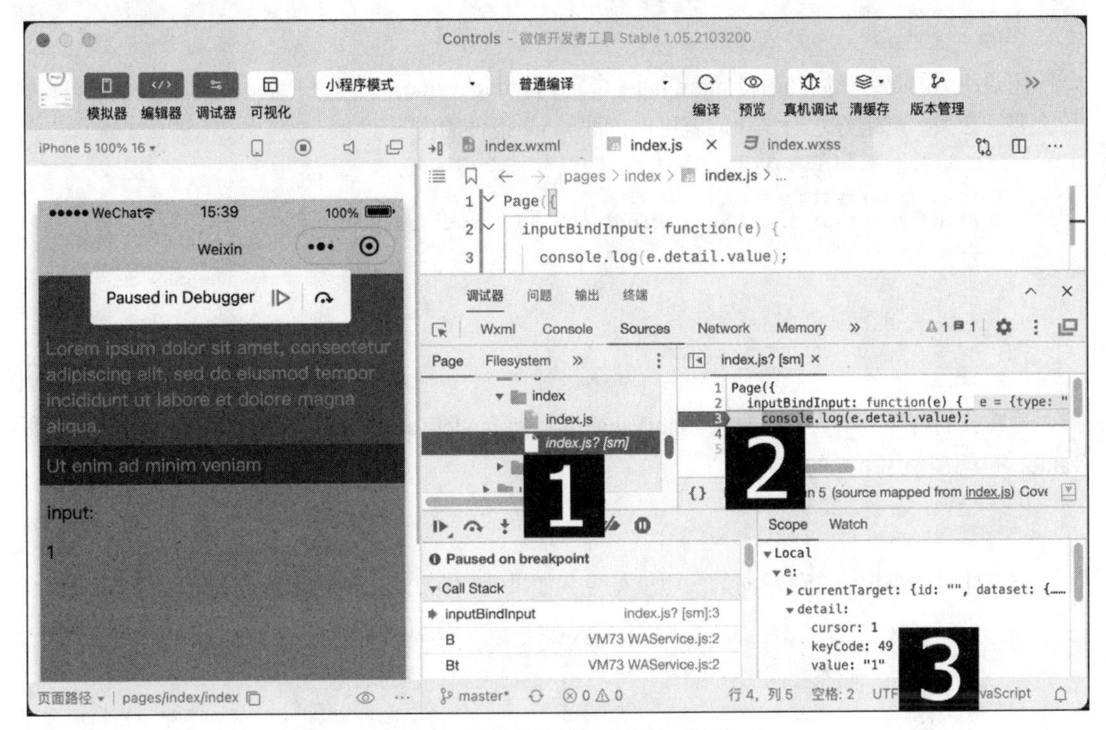

图 2-7 使用调试器查看参数 e 的值

利用调试器，我们可以随时查看任意变量的值，也就不必刻意地记忆 e.detail.value 这种复杂的调用了。当然，调试器还有更多的使用场景，我们会在后面的章节更多地介绍它。

2.2.2 input 组件与数据绑定

现在我们来了解一下如何通过数据绑定读取 input 组件的内容。在 1.3.4 节，我们已经使用过一次数据绑定了，当时，我们利用 text 组件和数据绑定来显示“Hello World!”：

```
<!-- index.wxml, the HelloWorld project -->
<text>{{ result }}</text>

// index.js
this.setData({
  result: "Hello World!"
});
```

数据绑定不仅可以显示出我们在 JS 文件中为变量设置的值，还可以反过来设置 JS 文件中变量的值。要想实现这一效果，我们首先需要在 JS 文件的 data 中定义变量 inputValue：

---

1 如果你看不到“Scope”选项卡，尝试将“Call Stack”选项卡折叠，你应该能在“Call Stack”选项卡的下面找到“Scope”选项卡。

```
// index.js, the Controls project
Page({
  data: {
    inputValue: "",
  },
  ...
```

接下来，我们就可以将 inputValue 绑定到 input 组件的 value 属性了：

```
<!-- index.wxml -->
<input model:value="{{ inputValue }}" />
```

需要注意的是，我们必须将 inputValue 绑定到 model:value，而不是 value。我们稍后会解释为什么要这么做。绑定好之后，我们就可以读取 input 组件的内容了：

```
<view class="control">
  <input model:value="{{ inputValue }}" />
  <button bindtap="inputButtonBindTap">log input</button>
</view>

// index.js
inputButtonBindTap: function() {
  console.log(this.data.inputValue);
},
```

现在我们解释一下为什么要将 inputValue 绑定到 model:value。如果我们将 inputValue 绑定到 value，也就是采用下面的代码：

```
<!-- Fake codes -->
<input value="{{ inputValue }}" />
```

那么此时的绑定将会是单向的。也就是说，如果我们在 JS 文件中设置 inputValue 的值：

```
// Fake codes
this.setData({
  inputValue: "Some value"
});
```

那么 input 组件中的内容会随着变化。但是，如果我们修改 input 组件中的内容，inputValue 变量的值并不会随着变化。只有将 inputValue 绑定到 model:value 时，绑定才是双向的。

微信小程序在发布之初就支持单向数据绑定。在那之后很久，腾讯公司才为微信小程序提供了有限的双向数据绑定功能。你可以从微信官方文档了解到关于双向数据绑定的更多内容。

2.3 选择器 picker

我们要学习的第二个普通组件是“选择器”。当然，你可能更熟悉它的另一个名字：下拉列表。

要了解 picker 组件的使用方法，请访问右侧二维码。

picker 组件的使用方法

要使用 picker 组件，我们需要准备一些选项供 picker 组件显示给用户：

```
// index.js
data: {
  inputValue: "",
  pickerItemArray: ['Item 0', 'Item 1', 'Item 2'],
```

我们还需要准备一个变量来记录用户选择的选项：

```
pickerItemArray: ['Item 0', 'Item 1', 'Item 2'],
pickerIndex: 0,
```

有了 pickerItemArray 和 pickerIndex，我们就可以显示出一个选择器了：

```
<!-- index.wxml -->
<picker range="{{ pickerItemArray }}"
  value="{{ pickerIndex }}">
    <view>
      {{ pickerItemArray[pickerIndex] }}
    </view>
</picker>
```

picker 组件中的 view 组件决定了显示的内容。由于 pickerIndex 的默认值为 0，同时 pickerItemArray 的第 0 项为“Item 0”，因此会显示出“Item 0”，如图 2-8 所示。

单击“Item 0”后，会弹出选择器，如图 2-9 所示。

图 2-8　选择器的显示效果

图 2-9　单击“Item 0”后的显示效果

现在的问题是，无论我们选择了选择器中的哪一项，picker 组件始终会显示“Item 0”。这是由于 picker 组件显示的内容是由 picker 组件中的 view 组件决定的，而 view 组件显示的内容是 pickerItemArray[pickerIndex]。在用户选择了其他选项之后，pickerIndex 的值并没有发生变化。因此，picker 组件依然会显示“Item 0”。

为了让 picker 组件显示出用户选择的选项，需要先获得用户选择的选项，再修改 pickerIndex 变量的值。为此，我们首先设置 picker 组件的 bindchange 属性，将它关联到一个函数：

```
<picker range="{{ pickerItemArray }}"
  value="{{ pickerIndex }}" bindchange="pickerBindChange">
    ...
```

与我们获得 input 组件的内容的方法类似，我们也通过 pickerBindChange 函数的参数获得了用户选择的选项的索引：

```
// index.js
pickerBindChange: function (e) {
```

```
    console.log(e.detail.value);
    this.setData({
      pickerIndex: e.detail.value
    });
  },
```

在上面的代码中，我们将用户选择的选项的索引输出，并将索引值设置给 pickerIndex 变量。这样一来，我们就知道用户选择了哪一个选项，并且可以将用户选择的选项显示在 picker 组件中了。

我们能否通过双向数据绑定来获得用户选择的选项？请在“动手做”环节中测试一下吧！

2.4 开关选择器 switch

下面我们要学习的组件是 switch。

要了解 switch 组件的使用方法，请访问右侧二维码。

switch 组件的使用方法

switch 组件使用起来非常简单。我们只需要使用“switch”标签：

```
<!-- index.wxml -->
<switch />
```

就能显示出一个开关选择器，如图 2-10 所示。

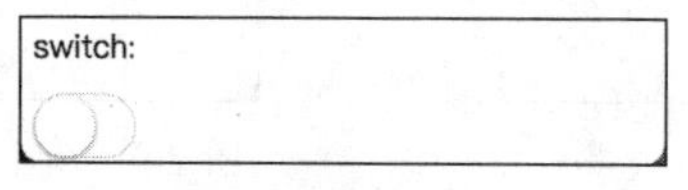

图 2-10 开关选择器的显示效果

开关选择器虽然看似简单易用，却是一个“麻烦制造者”。不过，要想让开关选择器暴露出“麻烦制造者”的一面，要满足非常复杂的条件。我们会在后面的章节深入地讨论这个问题。现在，先让它暂时保持“人畜无害”的状态吧。

利用我们在 2.2 节学习到的获得 input 组件的内容的知识，结合微信官方文档，在“动手做”环节中探索一下如何获得 switch 组件的开关状态吧。你可以从微信官方文档上找到关于 switch 组件的更多内容。

2.5 弹出对话框 showModal

接下来我们要学习的内容并不是一个组件，而是一种功能：弹出对话框。

要了解如何弹出对话框，请访问右侧二维码。

弹出对话框

弹出对话框并不麻烦。我们只需要在 JavaScript 中调用 wx.showModal 函数：

```
// index.js
wx.showModal({
  content: 'I am here!',
});
```

就可以弹出对话框了，如图 2-11 所示。

图 2-11　对话框的显示效果

现在的问题是，为什么弹出对话框要调用 wx.showModal 函数？Modal 是什么意思？

事实上，调用 wx.showModal 函数弹出的是一个模态对话框（modal dialog）。“模态”这个词对我们来说比较陌生，但我们可能都很熟悉“模态对话框”的性质：用户必须按照模态对话框的指示操作；在模态对话框关闭之前，用户不能进行任何其他操作。

模态对话框的这种性质决定了它是一种很扰人的提示信息的工具。一旦模态对话框出现，用户就必须单击对话框中的按钮，而不能简单地忽略它。这等于剥夺了用户不做出任何选择的权利。因此，除非信息非常重要，否则应该尽量避免使用模态对话框。

关于 wx.showModal 函数的更多信息，请访问微信官方文档。

2.6 滑动选择器 slider

我们要学习的最后一个组件是滑动选择器 slider。

要了解 slider 组件的使用方法，请访问右侧二维码。

slider 组件的使用方法

与其他组件类似，我们只需要使用“slider”标签就能显示出一个图 2-12 所示的滑动选择器：

```
<!-- index.wxml -->
<slider />
```

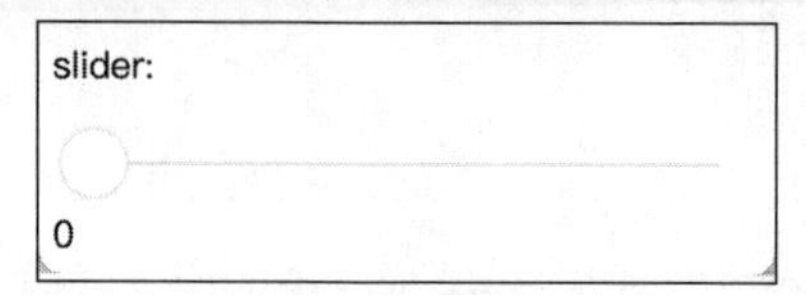

图 2-12　slider 组件的显示效果

slider 组件默认不会显示用户选择的值。为了能够将用户选择的值显示出来，我们使用了与 2.2.2 节类似的双向数据绑定技术。首先，我们在 JS 文件的 data 中定义一个变量 sliderValue：

```
// index.js
data: {
  ...
  sliderValue: 0,
},
```

接下来，我们将 sliderValue 绑定到 slider 组件的 value 属性。注意，为了实现双向数据绑定，我们需要将 sliderValue 绑定到 model:value 属性：

```
<!-- index.wxml -->
<slider model:value="{{ sliderValue }}" />
```

这样一来，我们就可以利用一个 view 组件来显示 sliderValue 的值了，如图 2-13 所示：

```
<view>{{ sliderValue }}</view>
```

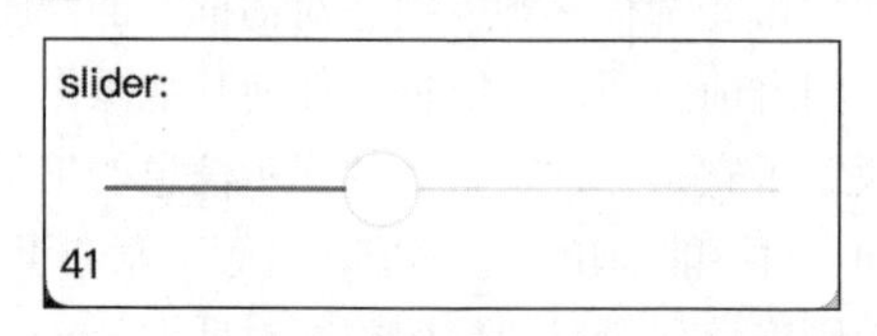

图 2-13　使用双向数据绑定读取 slider 组件的值

> 我们该如何通过与属性关联的函数来读取 slider 组件的值？请在“动手做”环节中测试一下吧！

2.7 学习组件的固定模式

通过前面的学习，相信你已经掌握了学习组件的固定模式。首先，我们需要知道什么组件能够帮助我们解决问题。

> 要了解微信小程序支持的所有组件，请访问微信官方文档。

在 WXML 中，我们可以通过 WXSS 文件来改变组件的外观。例如，我们可以通过：

```
<!-- index.wxml -->
<view class="contentBlock">
```

```
  ...

/* index.wxss */
.contentBlock {
  background-color: #00000066;
  ...
```

设置组件的背景色。我们还可以将 JS 文件中的代码关联到特定的属性上，从而在用户做出点击、输入、选择等操作时执行特定的代码。例如，我们可以通过：

```
<!-- index.wxml -->
<button bindtap="button_bindtap">Click Me!</button>

// index.js
button_bindtap: function () {
  ...
```

来在用户单击“Click Me!”按钮时执行 button_bindtap 函数。如果需要获得用户输入或选择的内容，我们通常有两种方法可供选择：读取函数的参数或使用数据绑定。例如，要获得 input 组件的内容，我们可以读取 e.detai.value：

```
<!-- index.wxml, the Controls project -->
<input bindinput="inputBindInput" />

// index.js
inputBindInput: function(e) {
  console.log(e.detail.value);
},
```

我们也可以将 inputValue 绑定到 input 组件的 value 属性来获得 input 组件的内容：

```
<!-- index.wxml -->
<input model:value="{{ inputValue }}" />
```

至此，我们就可以总结出学习组件的固定模式：通过 WXSS 文件改变组件的外观，通过与属性关联的函数来影响用户的动作，并通过函数参数或数据绑定获得组件的内容。

2.8 动手做

（1）我们是否可以通过双向数据绑定来获得用户在 picker 组件中选择的选项？请动手试一下，并给出你的结论。

（2）我们应该如何获得 switch 组件的值？请分别演示一下通过与属性关联的函数，以及数据绑定获得 switch 组件的值的方法。

（3）我们应该如何通过与属性关联的函数来读取 slider 组件的值？请编写一段代码，演示一下如何实现。

2.9 迈出小圈子

（1）视图更新公司推出的 iView Weapp 是一套被广泛采用的微信小程序 UI（user interface，用户界面）组件库。你能找到 iView Weapp 的官方网站吗？请按照官方网站上给出的实例，动手测试一下如何使用 Grid 网格组件。

（2）微信官方设计团队也为微信小程序提供了一套被称为 WeUI 的基础样式库。请试着翻阅一下微信官方文档，从中找到 WeUI 的官方网站（不要使用搜索引擎！），并测试一下 button 组件的不同样式。

（3）几乎所有的客户端开发平台都提供与微信小程序非常类似的组件。以 Xamarin.Forms 为例，请试着阅读一下它的文档，学习一下如何在 Xamarin.Forms 下使用按钮。请试着指出如何在 Xamarin.Forms 下设置按钮的外观，并处理用户的单击操作。

第3章 微信小程序的交互设计

目前，我们已经完成了一个 Hello World 项目，并学习了一些组件。现在，我们要动手做点什么了。

在本章，我们将会介绍我们的参考项目“DailyPoetryX-Mini”。首先，我们会详细了解一下 DailyPoetryX-Mini 小程序。我们会了解 DailyPoetryX-Mini 小程序的用户界面，以及用户在其上的操作。在此基础之上，我们会学习一下如何开展小程序的交互设计，包括如何描绘图形界面，以及形成操作动线，从而设计出属于我们自己的小程序。最后，我们会带领读者反思一下自己还缺少哪些知识，并引出下一步的学习目标。

3.1 了解参考项目

我们的参考项目叫“DailyPoetryX-Mini”（以下简称 DPM）。在微信中搜索“DailyPoetryX-Mini”，你就能找到它了。DPM 是一款古诗词小程序，它能够实现古诗词的推荐、搜索、阅览以及收藏。DPM 为古诗词爱好者提供了一种便捷的鉴赏与管理古诗词的方法。DPM 小程序启动后会显示今日推荐页，如图 3-1（a）所示。

今日推荐页会显示来自“今日诗词”网站的诗词推荐，包括推荐的诗句、诗句的作者、诗句的出处。今日推荐页的背景图片来自“必应每日图片”（Bing image of the day）。背景图片的版权信息显示在今日推荐页的底端。在今日推荐页上单击“查看详细”按钮，会打开推荐详情页，如图 3-1（b）所示。推荐详情页会显示推荐诗词的全文。

（a）今日推荐页

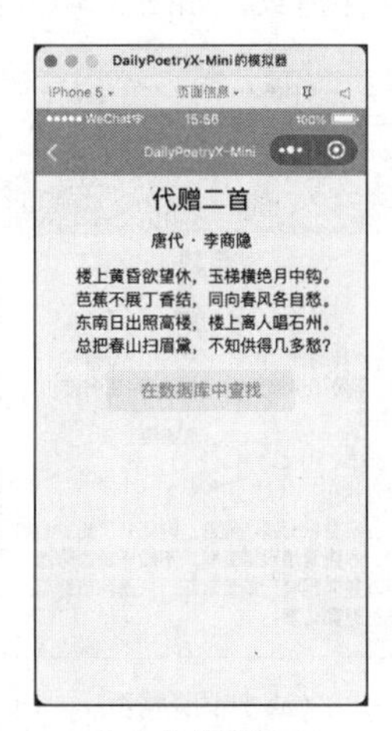

（b）推荐详情页

图 3-1　DPM 小程序的今日推荐页与推荐详情页

我们刻意地使用了"DailyPoetryX-Mini"这一晦涩的名称，是为了确保 DPM 小程序难以被普通用户搜索到，从而避免干扰用户寻找其他优质古诗词小程序，同时减少对有限的数据库流量的消耗。

DPM 小程序的顶部有 4 个选项卡，分别是"推荐""搜索""收藏"和"关于"，如图 3-1（a）所示。今日推荐页对应"推荐"选项卡。单击"搜索"选项卡，会打开诗词搜索页，如图 3-2（a）所示。

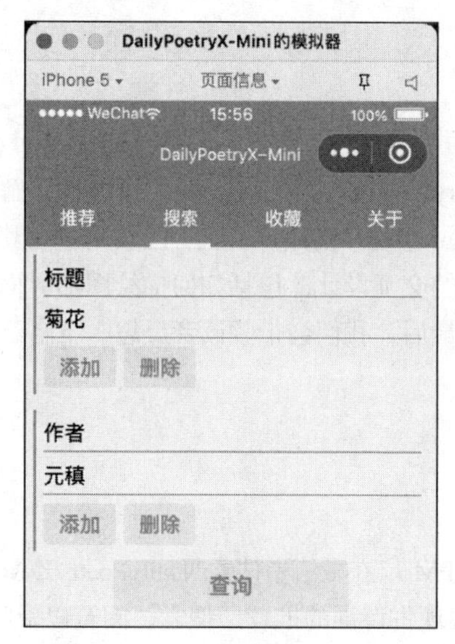

（a）诗词搜索页

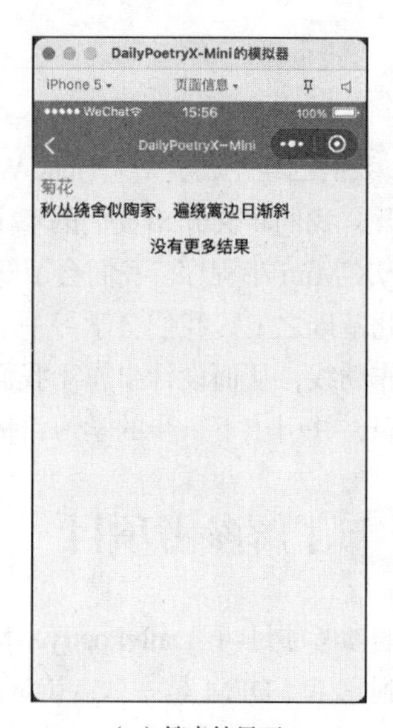

（b）搜索结果页

图 3-2　DPM 小程序的诗词搜索页与搜索结果页

我们可以在诗词搜索页上设置多个搜索条件。以图 3-2（a）为例，我们设置的第一个搜索条件是"'标题'包含'菊花'"，第二个搜索条件则是"'作者'包含'元稹'"。单击"查询"按钮会打开搜索结果页，并显示出诗词的搜索结果，如图 3-2（b）所示。单击搜索结果页上的诗词会打开诗词详情页，如图 3-3（a）所示。

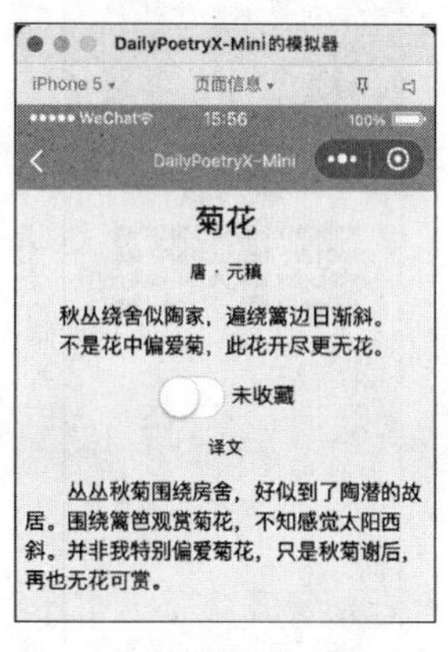

（a）诗词详情页

（b）诗词收藏页

图 3-3　DPM 小程序的诗词详情页与诗词收藏页

我们可以在诗词详情页上单击收藏开关来收藏诗词。在诗词详情页上收藏的诗词会被添加到诗词收藏页。我们可以单击“收藏”选项卡来打开诗词收藏页，如图 3-3（b）所示。单击诗词收藏页上的诗词同样会打开诗词详情页。单击“关于”选项卡会打开关于页。关于页主要包含一些版权信息和致谢信息，这里就不赘述了。

3.2 描绘图形界面

在了解了 DPM 小程序的功能之后，我们来探讨一下如何设计属于自己的微信小程序。微信小程序是一种轻便的图形界面应用程序。在开发过程中，图形界面是开发者非常容易想象和描绘的内容之一。开发者可以通过“描绘”图形界面来规划程序的功能以及理顺程序的逻辑，从而形成程序的架构设计和详细设计。因此，我们可以从描绘图形界面开始设计属于自己的微信小程序。

3.2.1 纸面原型图

描绘图形界面最直接的方法之一是将图形界面绘制出来。在微信小程序的早期设计阶段，我们不建议使用太过复杂和专业的工具来绘制图形界面，而是使用纸和笔这一对传统的设计工具。纸和笔的好处在于易于获得、响应迅速，并且使用简单、效果直观。同时，由于多数人不具备专业的绘画技能，很多时候只能使用纸和笔粗糙地描绘小程序整体的界面设计，而不会过多地深入界面的细节。这种粗糙性恰好与我们所处的“早期设计阶段”相匹配，使我们能够将注意力放在微信小程序的整体宏观设计上，而不是过早地深入大量对整体设计意义不大的细节。纸面原型图有助于我们尽早发现小程序在整体设计上存在的问题并做出修改。

DPM 小程序今日推荐页的早期纸面原型图如图 3-4 所示。与图 3-1（a）所示的最终版本相比，这张纸面原型图已经具备了绝大多数的设计元素，包括作为背景图片的必应每日图片、推荐诗词的排版方式以及图片版权信息的显示位置。在绘制这张纸面原型图时，我们还没有考虑 DPM 小程序的导航方式，因此并没有绘制导航选项卡。我们也没有考虑显示推荐诗词的全文，因此没有绘制“查看详细”按钮。但这种细节并不妨碍我们理解今日推荐页的主要功能：显示诗词推荐以及显示作为背景的必应每日图片。因此，即便未能体现很多细节，这张纸面原型图依然很好地完成了它的“使命”。

图 3-4　DPM 小程序今日推荐页的早期纸面原型图

3.2.2 线框图

在很多情况下，纸面原型图已经能够很好地描绘图形界面了。但在有些时候，我们可能需要描绘图形界面的更多细节，或者希望以更正式的方式来呈现图形界面设计。这个时候我们就可以使用线框图。

只有在纸面原型图不能满足需求时才使用线框图！尽管线框图看起来比纸面原型图更漂亮、也更正式，但很多时候，线框图未必能提供更有意义的信息，并且绘制线框图要花费更多的时间和精力。因此，只有在线框图能产生有意义的价值时，才考虑使用它。

绘制线框图并不需要太专业的工具，任何一种文字编辑软件或是绘图软件都可以用来绘制线框图。图 3-5（a）就是我们基于今日推荐页的纸面原型图绘制的线框图（这里没有呈现图 3-1（a）所示的“关于”选项卡。这是由于“关于”选项卡只用于呈现必要的版权信息，其并不包含必要的知识点）。

与纸面原型图相比，线框图通常具有更高的精度。这使得我们能够更容易地发现界面设计上存在的问题。以今日推荐页为例，图 3-4 所示的纸面原型图看起来并没有太大的问题，但以它为依据绘制的线框图（见图 3-5（a））就显得太空旷了。并且，我们也能很容易地发现当前设计存在的一些问题：用户无法查看推荐诗词的全文，同时缺少在页面之间导航的选项卡。

线框图的另一个好处是非常容易修改。针对上面的问题，我们为图 3-5（a）添加了包括导航选项卡以及“查看详细”按钮在内的更多细节，得到了图 3-5（b）。现在，今日推荐页的界面设计看起来更具层次感，也更接近实际的效果了。

（a）今日推荐页线框图

（b）添加了更多细节的今日推荐页线框图

图 3-5 DPM 小程序的今日推荐页线框图

线框图非常容易复用。一旦确定了一个界面的整体设计，我们就可以通过复制粘贴的方法来复用已有的设计，并创建新的界面。如图 3-6 所示，我们可以复用今日推荐页线框图中已有的设计元素，快速地创建推荐详情页与诗词搜索页的线框图。

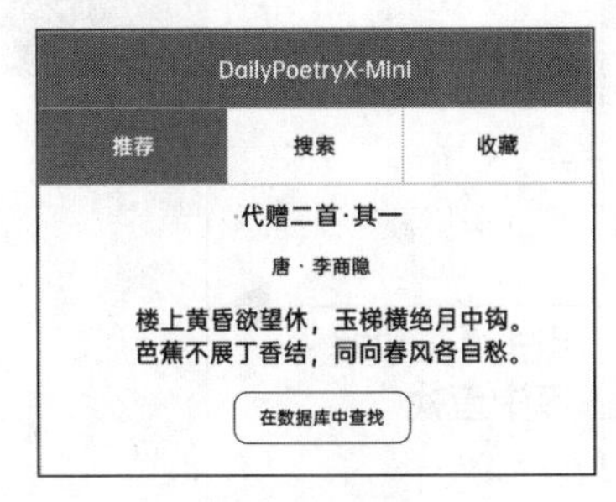

（a）推荐详情页线框图

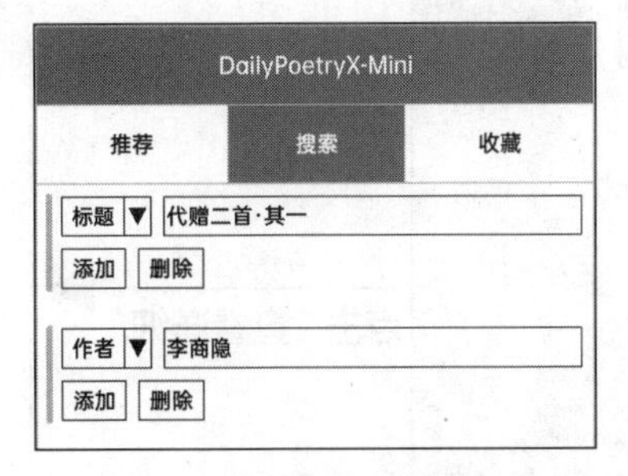

（b）诗词搜索页线框图

图 3-6　DPM 小程序的推荐详情页与诗词搜索页线框图

3.2.3　原型工具

如果线框图提供的细节依然不能满足要求，或者需要以更加正式，甚至是动态的方式来呈现图形界面设计，我们就需要使用原型工具了。市面上有很多成型的原型工具，如墨刀、摹客等。利用这些工具，我们可以获得以假乱真的界面设计效果。图 3-7 所示的是我们采用原型工具设计的今日推荐页原型。对比图 3-1（a）的实际实现效果，很多人可能都无法分辨哪一个是原型设计，哪一个是真正的小程序界面。

图 3-7　DPM 小程序的今日推荐页原型

除了效果逼真之外，原型工具还能呈现动画等动态设计元素，并与用户进行简单的交互。不过，原型工具虽然强大，它们使用起来也比较麻烦，比较耗费时间。因此，如果纸面原型图和线框图能够满足我们描绘图形界面的需求，就完全没有必要使用原型工具。

只有在原型工具带来的价值高于使用它所带来的成本时，才使用原型工具！

3.3　形成操作动线

通过描绘图形界面，我们可以了解微信小程序都需要包括哪些页面，以及每个页面各自需要提供哪些功能。现在的问题是，这些设计是静态的。仅凭这些图形界面设计，我们并不能清楚地说明用户会按照什么样的逻辑顺序来使用各个页面，也就很难判断微信小程序与用户的交互过程是否存在问题。

“操作动线”是描述小程序与用户的交互过程的有效方法。顾名思义，操作动线就是“操作的动作线”。操作动线的绘制并不复杂，我们只需要将描绘的图形界面使用标注有具体操作的动作线连接起来就可以了。DPM 小程序的一条操作动线如图 3-8 所示。这条操作动线清楚地说明了用户如何与 DPM 小程序交互：在今日推荐页上单击“查看详细”按钮会打开推荐详情页，并显示出推荐诗词的全文；在推荐详情页上单击“在数据库中查找”按钮会打开诗词搜索页，并将推荐诗词的标题和作者作为搜索条件。

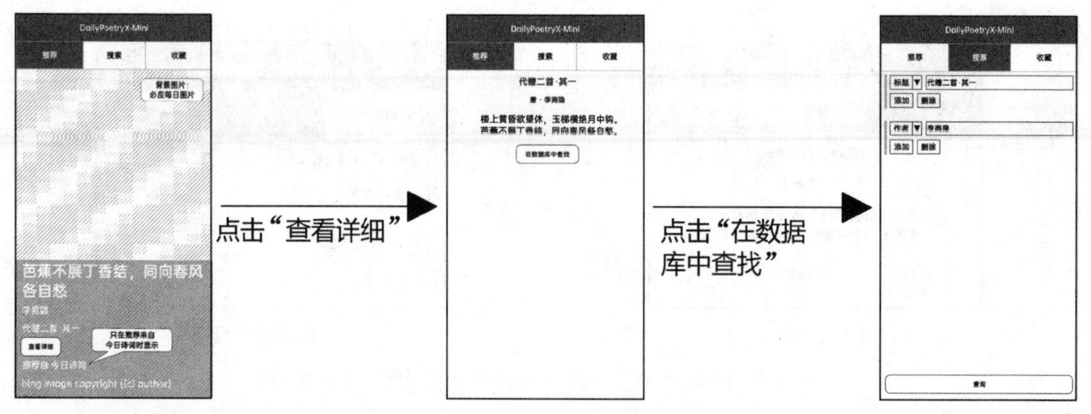

图 3-8 DPM 小程序的一条操作动线

操作动线的一个重要的作用，是帮助我们形成纸板原型。在设计好操作动线之后，我们就可以将描绘的图形界面打印出来，将其制作成纸板原型，并使用纸板原型来模拟尚未开发出来的微信小程序。此时，我们就可以邀请用户参与进来，请他们在纸板原型上操作微信小程序。在用户进行每一步操作后，我们需要按照操作动线来切换纸板原型，从而模拟用户与微信小程序的交互过程。通过这种方法，我们可以发现我们的微信小程序在交互方面存在的问题，并尽早地收集到用户的反馈，从而提出可优化的设计。

> 要了解如何使用纸板原型，请访问右侧二维码。
>
> 纸板原型

在 3.2.3 节中，我们提到了使用原型工具也可以制作带有交互的原型设计。相比于纸板原型，原型工具能够实现更专业、更复杂、更逼真的交互原型。不过，交互原型的制作通常比较复杂，需要消耗大量的时间和精力。相比之下，纸板原型的制作则要简单得多。不过，纸板原型的优势不在于容易制作，而在于它通常比交互原型更有趣。纸板原型的形式让它看起来更像一场游戏，这种趣味性有助于用户放松并提升用户的参与度，从而更好地获得来自用户的反馈。

值得注意的一点是，我们未必要将操作动线绘制成图 3-8 所示的操作动线。在小型项目中，我们通常可以使用文字甚至口述的方法来描述操作动线。只要开发团队的每个人都能对操作动线形成一致的理解，那么操作动线的具体存在形式就不是问题。不过在大型项目中，由于涉及的开发人员较多，并且人员经常发生较大的流动，我们还是需要采用类似操作动线图的方法来规范化地描述操作动线。

3.4 识别已知，探索未知

对于类似微信小程序的这类轻便的图形界面应用程序来讲，采用 3.2 节与 3.3 节介绍的方法，通常就可以比较好地完成交互设计工作了。接下来需要思考的问题是，在完成了微信小程序的交互设计之后，我们应该如何开启开发工作。

我们在 3.1.1 节详细地介绍了 DPM 小程序的功能。现在让我们假设 DPM 小程序的开发工作还没有开始，在 3.1.1 节呈现的内容是使用原型工具得到的原型设计。那么，我们需要做的是基于目前我们已经掌握的知识，判断我们可以做些什么，又需要学习些什么。由于目前为止我们只学习过一些组件，我们就先将注意力集中在组件以及与组件直接相关的功能上。

我们从今日推荐页开始分析。如图 3-9 所示，我们可以从今日推荐页上看到一些熟悉的组件，例如用于显示文本的 text 组件，作为视图容器的 view 组件，以及作为按钮的 button 组件。同时，我们也缺少一些知识，包括如何实现导航选项卡，以及如何在用户单击“查看详细”按钮时导航到推荐详情页。类似地，如图 3-8 所示，用户在推荐详情页上单击“在数据库中查找”按钮时，如何导航到诗词搜索页。

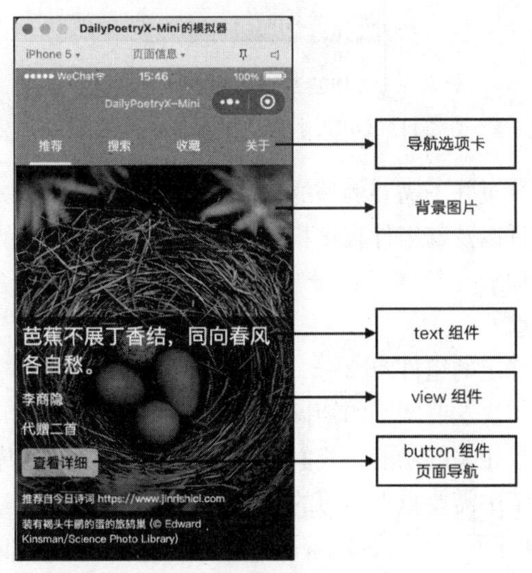

图 3-9　DPM 小程序今日推荐页的组件

我们再来分析一下诗词搜索页，如图 3-10 所示。在诗词搜索页上，用户可以使用 picker 组件来选择搜索“标题”或“作者”，并使用 input 组件输入搜索关键字。用户还可以使用两个 button 组件，即“添加”和“删除”按钮来添加和删除搜索条件。表面上来看，我们已经掌握了构建诗词搜索页所需的全部组件。不过，由于用户可以添加和删除搜索条件，所以诗词搜索页上组件的数量是不确定的。类似的问题也出现在搜索结果页上。如图 3-11 所示，搜索结果页只需要使用 text 组件显示诗词，但需要显示的诗词的数量是不确定的。因此，我们需要学习如何生成数量不确定的组件。

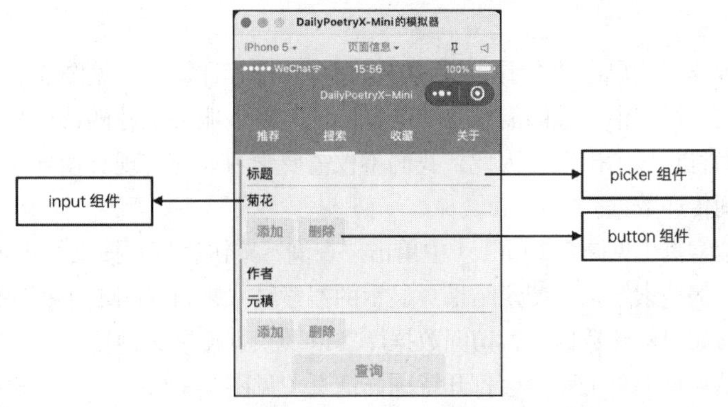

图 3-10　DPM 小程序诗词搜索页的组件

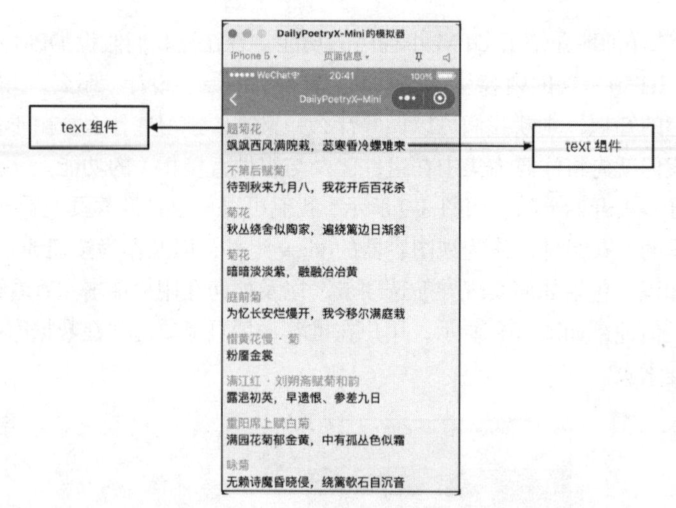

图 3-11　DPM 小程序搜索结果页的组件

诗词详情页与诗词收藏页并不需要额外的组件。

我们来总结一下在组件以及与组件直接相关的功能上，目前尚存的问题如下。

（1）如何实现导航选项卡？

（2）如何实现页面导航？

（3）如何生成数量不确定的组件？

我们会在第 4 章学习解决这些问题的知识。

除了组件和与组件直接相关的功能，我们再简述一下 DPM 小程序的关键技术，从而快速地了解一下我们在后面的章节中需要重点学习的内容。

DPM 小程序的今日推荐页（见图 3-1（a））会显示来自“今日诗词”的诗词推荐，以及来自“必应每日图片”的背景图片。“今日诗词”和“必应每日图片”都是由第三方服务提供商提供的服务，并且它们都采用了 JSON Web 服务。因此，我们需要学习如何访问 JSON Web 服务，并处理由网络异常导致的访问错误。

尽管“今日诗词”和“必应每日图片”都采用了相同的技术，它们却有着截然不同的更新策略：每次访问“今日诗词”Web 服务，我们都会得到一个全新的推荐结果；而“必应每日图片”Web 服务每天只更新一张图片，意味着在一天的时间内无论访问多少次“必应每日图片”，我们都只会得到同一张图片。这两种不同的更新策略意味着我们一天只需要访问一次“必应每日图片”，并将服务器返回的结果缓存起来。这样不仅能够降低服务提供商的服务器的负载，还能提升背景图片的加载速度。

用户在今日推荐页上单击“查看详细”按钮会打开推荐详情页（见图 3-1（b））并显示推荐诗词的全文。在这一过程中，我们需要将“今日诗词”Web 服务推荐的诗词从今日推荐页传递到推荐详情页，从而将它显示出来。因此，我们不仅需要学习如何实现页面导航，还需要学习如何在不同的页面之间传递数据。

用户在诗词搜索页（见图 3-2（a））中单击“查询”按钮会打开搜索结果页（见图 3-2（b））并显示出符合条件的搜索结果。搜索结果页显示的搜索结果来自 DPM 小程序的诗词数据库。因此，我们需要学习如何构建数据库，访问数据库，以及根据搜索条件搜索数据库。

用户在搜索结果页上单击诗词会打开诗词详情页（见图 3-3（a））。用户可以在诗词详情页上收藏诗词。被收藏的诗词会显示在诗词收藏页（见图 3-3（b））中。由于每个用户都有着属于自己的诗词收藏，我们需要学习如何为每个用户记录属于个人的收藏。

除了上述技术之外，我们还会学习很多“看不见”的技术，包括如何基于 MINA + Service 架构设计小程序，如何实现跨页面数据同步等，以及很多细节技术，包括无限滚动、重置页面内容等。进一步地，我们还需要学习很多非技术性的技能，包括小程序的交互设计方法，以及基于编码规范、源代码管理、分支开发的多人协同开发方法等。这些知识将共同构成“微信小程序全栈开发技术”。

3.5 动手做

（1）选择一个你常用的移动应用，尝试凭借记忆来绘制它的纸面原型图，尽量描绘出所有的细节。接下来打开应用，对比你绘制的纸面原型图，看看你都画对了哪些细节，又画错了哪些细节？试着解释为什么会出现这些错误。

（2）选择一个主题并设计一款微信小程序，绘制纸面原型图，形成操作动线，并制作纸板原型。向几名用户展示你的纸面原型，询问他们的想法以及遇到的问题。基于用户的反馈改进你的设计。

3.6 迈出小圈子

（1）除了我们介绍的纸面原型图、线框图以及原型工具之外，还有哪些描绘图形界面的工具？尝试寻找并列举出 3 种。

（2）除了我们提到的墨刀、摹客等原型工具，你还能找到哪些原型工具？简单试用一下，并说说你的感想。

第4章 微信小程序的高级组件

在第3章，我们发现了我们在组件以及与组件直接相关的功能方面还存在一些未解决的问题，如下。

（1）如何实现导航选项卡？

（2）如何实现页面导航？

（3）如何生成数量不确定的组件？

我们会在本章补上这些问题的知识缺口。上述的问题（1）和问题（2）彼此相关，而问题（3）比较独立。本章，我们首先从比较独立的问题（3）开始，学习如何使用列表渲染来生成数量不确定的组件。之后，我们再来学习如何利用 tabBar 实现导航选项卡，以及如何实现页面导航。

4.1 列表渲染

4.1.1 显示数组数据

要了解列表渲染如何显示数组数据，请访问右侧二维码。

显示数组数据

微信小程序使用列表渲染来显示数组数据。要使用列表渲染，我们首先需要准备一个数组：

```
// index.js
Page({
  data: {
    poetries: [{
        name: "寄宇文判官",
        snippet: "西行殊未已，东望何时还。"
      },
      {
        name: "雨过山村",
        snippet: "雨里鸡鸣一两家，竹溪村路板桥斜。"
      },
      {
        name: "荆门西下",
```

```
            snippet: "一夕南风一叶危，荆云回望夏云时。"
        },
      ]
    },
  });
```

在上面的代码中，我们初始化了一个 poetries 数组，用于存储诗词数据。poetries 数组中包含 3 个对象，每个对象都有一个 name 属性对应诗词的标题，以及一个 snippet 属性对应诗词的预览。下面，我们设法将 poetries 数组中的诗词显示出来。为此，我们需要使用 wx:for 控制属性：

```
<!-- index.wxml -->
<view>
  <view class="label">
    <text>wx:for:</text>
  </view>
  <view class="control">
    <view wx:for="{{ poetries }}">诗词</view>
  </view>
</view>
```

在上面的代码中，我们为 view 组件添加了 wx:for 控制属性。wx:for 控制属性需要绑定到一个数组。这种绑定的结果是，当前组件会被数组中的各项数据重复渲染。上述代码的运行效果如图 4-1 所示。

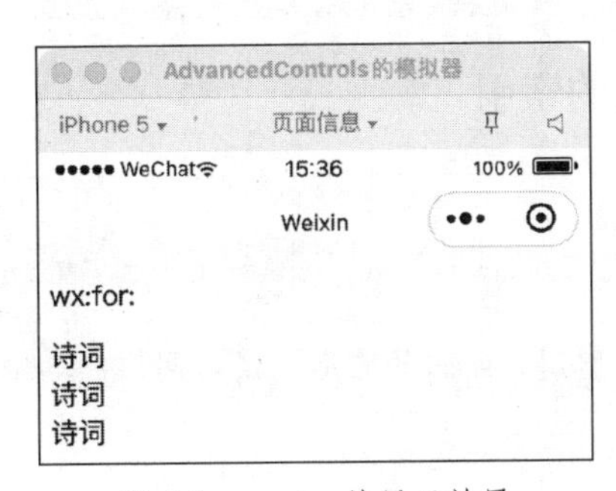

图 4-1　wx:for 的显示效果

由于 poetries 数组中一共包含 3 首诗词，因此：

```
<view wx:for="{{ poetries }}">诗词</view>
```

一共被渲染了 3 次，并显示出了 3 个“诗词”。

现在的问题是，我们应该如何显示出诗词的标题和预览呢？由于 poetries 是一个数组，要想获得数组中的对象，我们需要获得对象在数组中的索引。为此，我们需要使用 wx:for-index 控制属性：

```
<view wx:for="{{ poetries }}" wx:for-index="poetryIndex">
```

wx:for-index="poetryIndex"为我们定义了一个变量 poetryIndex，它对应于当前正在渲染的对象在数组中的索引。利用 poetryIndex，我们就可以将诗词的标题和预览显示出来了：

```
<view wx:for="{{ poetries }}" wx:for-index="poetryIndex">
  <view>{{ poetries[poetryIndex].name }}</view>
  <view>{{ poetries[poetryIndex].snippet }}</view>
</view>
```

上述代码的运行效果如图 4-2 所示。

图 4-2　使用 wx:for-index 控制属性后的显示效果

使用列表渲染显示数组数据的方法，可以总结为以下 4 个步骤：

（1）准备数组数据；

（2）使用控制属性 wx:for 将数组数据绑定到组件；

（3）使用控制属性 wx:for-index 定义索引变量；

（4）使用索引变量显示数组数据。

4.1.2　获取用户单击的索引

要了解列表渲染如何获取用户单击的索引，请访问右侧二维码。

获取用户单击的索引

如 3.3 节的操作动线图所示，列表渲染常见的使用场景是显示出一批数据并接收用户的单击。现在的问题是，我们如何确定用户单击的索引？在第 1 章的“动手做”环节我们曾经探讨过如何利用 view 组件的 bindtap 属性来处理用户对 view 组件的单击。那么，我们能否通过 bindtap 属性来获得用户单击的索引呢？

```
<view wx:for="{{ poetries }}" wx:for-index="poetryIndex"
bindtap="viewBindtap">
    <view>{{ poetries[poetryIndex].name }}</view>
    <view>{{ poetries[poetryIndex].snippet }}</view>
</view>

// index.js
viewBindtap: function(e) {
  console.log(e);
},
```

上述代码的执行结果如图 4-3 所示。

如果我们展开图 4-3 中的各个属性并逐个地查找，可以发现上述执行结果中并没有与用户单击的索引有关的内容。那么我们应该如何获取用户单击的索引呢？

```
▼{type: "tap", timeStamp: 1185681, target: {…}, currentTarget: {…}, mark: {…}, …}
  ▶changedTouches: [{…}]
  ▼currentTarget:
    ▼dataset:
      ▶__proto__: Object
     id: ""
     offsetLeft: 6
     offsetTop: 84
    ▶__proto__: Object
  ▶detail: {x: 112.234375, y: 101.953125}
  ▶mark: {}
   mut: false
  ▶target: {id: "", offsetLeft: 6, offsetTop: 84, dataset: {…}}
   timeStamp: 1185681
  ▶touches: [{…}]
   type: "tap"
   _userTap: true
  ▶__proto__: Object
```

图 4-3 bindtap 属性关联函数的执行结果

答案是我们需要使用 data-*属性。data-*属性是自定义属性，其中的*可以被替换成任意合法的属性名。自定义属性的值会被传递给与属性关联的函数。因此，要将当前正在渲染的对象在数组中的索引传递给与 bindtap 属性关联的函数，我们需要利用 data-*来传递 poetryIndex 变量的值：

```
<!-- index.wxml -->
<view wx:for="{{ poetries }}" wx:for-index="poetryIndex"
bindtap="viewBindtap" data-poetryIndex="{{ poetryIndex }}">
    <view>{{ poetries[poetryIndex].name }}</view>
  <view>{{ poetries[poetryIndex].snippet }}</view>
</view>
```

在上面的代码中，我们定义了一个 data-poetryIndex 自定义属性，其值绑定到了 poetryIndex 变量。再次编译执行代码，我们可以看到 data-poetryIndex 自定义属性的值被传递到了 currentTarget 的 dataset 属性中，如图 4-4 所示。

```
▼{type: "tap", timeStamp: 336888, target: {…}, currentTarget: {…}, mark: {…}, …}
  ▶changedTouches: [{…}]
  ▼currentTarget:
    ▼dataset:
       poetryindex: 1
      ▶__proto__: Object
     id: ""
     offsetLeft: 6
     offsetTop: 84
    ▶__proto__: Object
  ▶detail: {x: 77, y: 103}
  ▶mark: {}
   mut: false
  ▶target: {id: "", offsetLeft: 6, offsetTop: 84, dataset: {…}}
   timeStamp: 336888
  ▶touches: [{…}]
   type: "tap"
   _userTap: true
  ▶__proto__: Object
```

图 4-4 使用自定义属性传递值

因此，我们可以采用下面的代码来获得用户单击的索引，进而获得用户单击的诗词：

```
// index.js
viewBindtap: function(e) {
  var poetryIndex = e.currentTarget.dataset.poetryindex;
  console.log(this.data.poetries[poetryIndex].name);
},
```

现在单击诗词，“Console”中就会输出诗词的标题了。

值得注意的一点是，在 WXML 文件中，我们使用的自定义属性是 data-poetryIndex：

```
<!-- index.wxml -->
<view ... data-poetryIndex="{{ poetryIndex }}">
  ...
```

这里的字母“I”是大写的。然而，viewBindtap 函数接收到的参数 e 中 poetryindex 属性的字母“i”却是小写的，如图 4-4 所示。由于 JavaScript 是区分大小写的，因此我们必须使用小写的字母“i”来获得通过 data-poetryIndex 自定义属性传递的值：

```
// index.js
var poetryIndex = e.currentTarget.dataset.poetryindex;
```

而不能使用大写的字母“I”来获得传递的值：

```
// This will not work.
var poetryIndex = e.currentTarget.dataset.poetryIndex;
```

我们并不清楚导致这种情况的原因，但在微信小程序开发时应注意这个问题。

获取用户单击索引的方法，可以总结为以下 3 个步骤：

（1）使用 data-*自定义属性；

（2）将 data-*自定义属性绑定到使用 wx:for-index 控制属性定义的索引变量；

（3）在与 bindtap 属性关联的函数中，通过 e.currentTarget.dataset.*获得索引变量的值，需要注意*中字母的大小写。

4.2 导航选项卡 tabBar

4.2.1 新建页面

要了解如何新建页面，请访问右侧二维码。

新建页面

创建导航选项卡，我们首先需要新建几个页面。新建页面，我们首先需要新建页面文件夹。在“资源管理器”的“pages”文件夹上单击右键，选择“新建文件夹”就可以新建页面文件夹了，如图 4-5（a）所示。接下来在页面文件夹上单击右键，选择“新建 Page”就可以新建页面了，如图 4-5（b）所示。

每次新建页面，我们都会得到 4 个文件。假设我们创建页面 page1，则我们会得到 page1.js、page1.json、page1.wxml 以及 page1.wxss 这 4 个文件，分别对应于页面 page1 的 JavaScript 代码、JSON 配置、WXML 模板以及 WXSS 样式，如图 4-6（a）所示。为了介绍如何创建导航选项卡，我们一共创建了 3 个页面：page1、page2 以及 page3，如图 4-6（b）所示。

（a）新建文件夹

（b）新建 Page

图 4-5 微信小程序中新建页面的过程

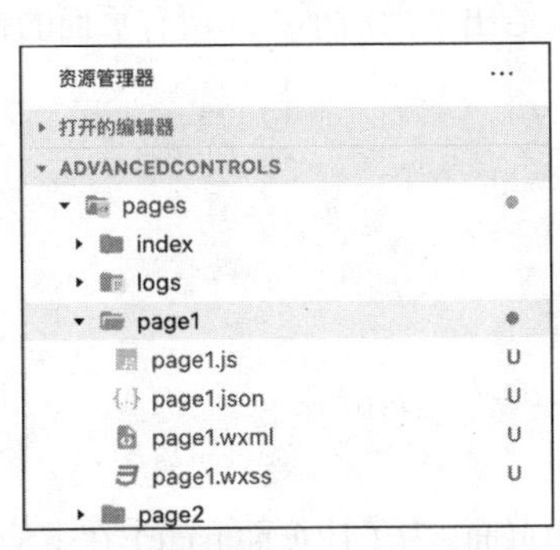

（a）页面 page1 的文件构成

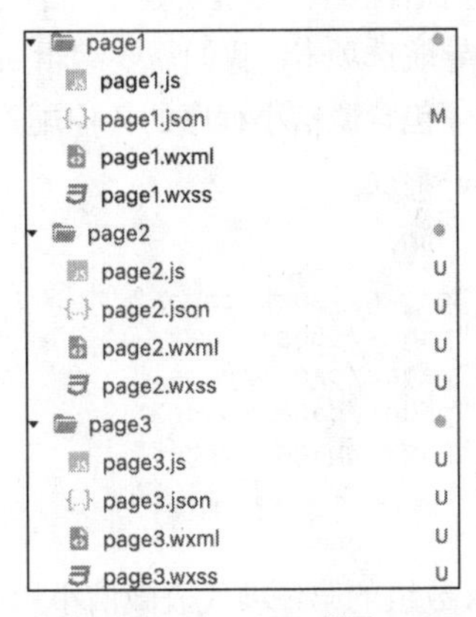

（b）页面 page1、page2 以及 page3

图 4-6 微信小程序中新建页面

在前面的章节中，我们已经学习了如何使用页面的 JavaScript 代码、WXML 模板以及 WXSS 样式。页面的 JSON 配置则用于配置页面的窗口表现。例如，配置 navigationBarTitleText 属性可以修改导航栏标题文字的内容：

```
// page1.json
{
  "usingComponents": {},
  "navigationBarTitleText": "Page One"
}
```

其效果如图 4-7 所示。

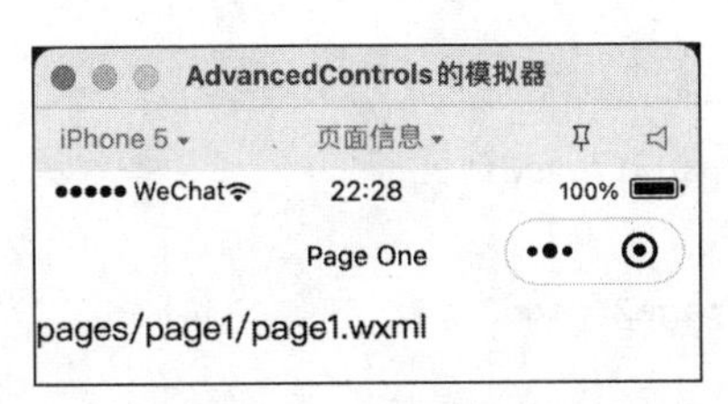

图 4-7 页面 JSON 配置中 navigationBarTitleText 属性的效果

关于页面 JSON 配置的更多内容，请访问微信官方文档。

新建页面的方法，可以总结为以下两个步骤：

（1）在 pages 文件夹中创建页面文件夹；

（2）在页面文件夹中新建页面。

4.2.2 创建导航选项卡

要了解如何创建导航选项卡，请访问右侧二维码。

创建导航选项卡

创建导航选项卡，我们需要编辑 app.json 文件。app.json 文件是微信小程序的全局 JSON 配置文件，其中包含微信小程序的各项配置。例如，pages 数组给出了微信小程序所有页面的路径：

```
// app.json
{
  "pages": [
    "pages/index/index",
    "pages/logs/logs",
    "pages/page1/page1",
    "pages/page2/page2",
    "pages/page3/page3"
  ],
  ...
```

pages 数组的第一项代表微信小程序在启动时会显示的页面。为了让页面 page1 在微信小程序启动时显示出来，我们需要调整一下 pages 数组中元素的顺序[1]：

```
{
  "pages": [
    "pages/page1/page1",
    "pages/page2/page2",
    "pages/page3/page3",
    "pages/index/index",
    "pages/logs/logs"
  ],
```

这样一来，页面 page1 就成为微信小程序的“首页”了。

接下来我们创建导航选项卡。为此，我们需要在 app.json 文件中添加 tabBar 属性：

```
"pages": [
  ...
],
"tabBar": {
  "list": [{
    "pagePath": "pages/page1/page1",
    "text": "page1"
  }, {
    "pagePath": "pages/page2/page2",
    "text": "page2"
  }, {
    "pagePath": "pages/page3/page3",
```

1 我们将页面 page2 以及 page3 随着页面 page1 一并调整到了 pages 数组开头的位置。这样做并不是必须的，仅仅是为了让代码看起来更加整洁。

```
      "text": "page3"
    }]
  },
  "window": {
    ...
  },
```

tabBar 属性定义了导航选项卡。tabBar 属性的值是一个数组，数组中的每一项都是一个对象，每个对象对应一个选项卡。选项卡对象的 pagePath 属性给出了选项卡页面的路径，text 属性则给出了选项卡上要显示的标签。有以下两个需要注意的问题。

（1）tabBar 属性的第二个单词“Bar”的首字母“B”是大写的。同样地，pagePath 属性的第二个单词“Path”的首字母“P”也是大写的。这和组件的属性（例如 bindtap 属性）所采用的全部字母小写的方案是不同的。如果将“tabBar”错写成“tabbar”，则导航选项卡将不会出现。

（2）页面的路径“pages/page1/page1”并不包含任何扩展名。事实上，“pages/page1/page1”文件并不存在，存在的是 page1.js、page1.json、page1.wxml 以及 page1.wxss 这 4 个文件。这 4 个文件共同构成了页面 page1。在设置 pagePath 属性时，我们需要提供的是 page1 的路径，而不是构成 page1 的某个文件的路径。

上述代码的执行效果如图 4-8 所示。

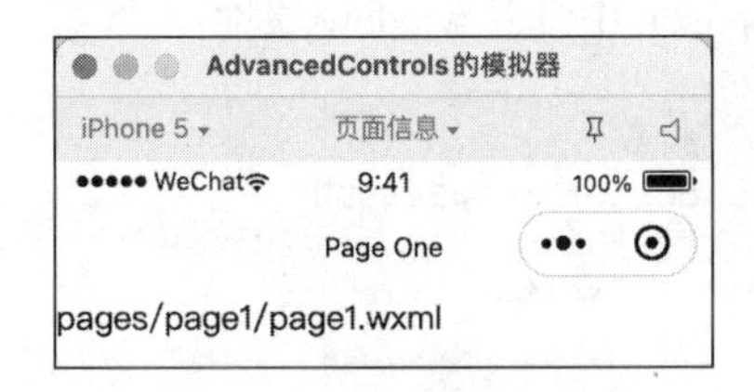

图 4-8　微信小程序导航选项卡的默认样式[1]

> 创建导航选项卡的方法，可以总结为以下 3 个步骤：
> （1）在 app.json 文件中添加 tabBar 属性；
> （2）为 tabBar 属性添加 list 属性；
> （3）为 list 中的每一项设置 pagePath 属性以及 text 属性。

4.2.3　修改导航选项卡的样式

如图 4-8 所示，微信小程序导航选项卡的默认样式看起来并不美观，它与我们期望的导航选项卡的样式（见图 4-9）还有着较大的差距。

图 4-9　DPM 小程序的导航选项卡

1 这里剪裁掉了页面中间空白的部分。

修改导航选项卡的样式，我们需要设置 tabBar 属性：

```
"tabBar": {
  "backgroundColor": "#3498DB",
  "color": "#ffffff",
  "position": "top",
  "selectedColor": "#ffffff",
  "list": [
    ...
```

上述属性的设置并不难理解，说明如下。

（1）backgroundColor：导航选项卡的背景色，只支持形如#3498DB 的十六进制颜色。

（2）color：导航选项卡的文字颜色，只支持形如#ffffff 的十六进制颜色。

（3）position：导航选项卡的位置，只支持“top”和“bottom”。

（4）selectedColor：选中的选项卡的文字颜色，只支持形如#ffffff 的十六进制颜色。

完成上述设置之后的导航选项卡如图 4-10 所示。

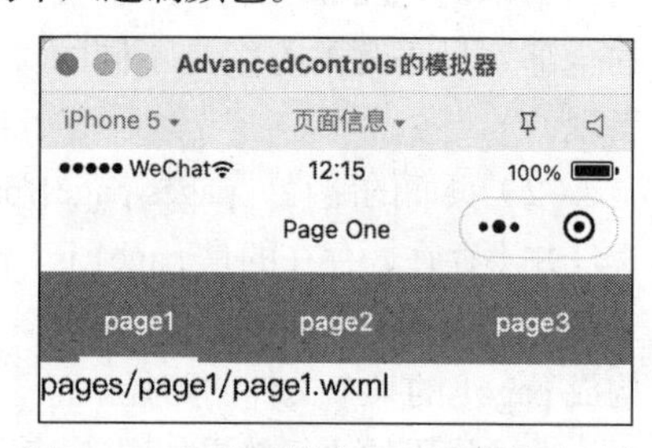

图 4-10　设置了样式之后的导航选项卡

可以看到，尽管导航选项卡的样式已经被正确地设置了，但微信小程序的导航栏却与导航选项卡呈现出不一致的样式。为此，我们还需要在 app.json 中设置 window 属性：

```
"window": {
  "backgroundTextStyle": "light",
  "navigationBarBackgroundColor": "#3498DB",
  "navigationBarTitleText": "Weixin",
  "navigationBarTextStyle": "white"
},
```

本次我们设置的属性如下。

（1）navigationBarBackgroundColor：导航栏的背景颜色。

（2）navigationBarTextStyle：导航栏标题颜色，只支持“black”和“white”。

这样一来，导航选项卡的样式就与我们预期的一样了。

除了我们使用过的上述属性之外，tabBar 与 window 还有很多可供配置的属性。同时，app.json 中还包含很多除了 tabBar 与 window 之外的属性。这些内容可以在微信官方文档中找到。

关于 app.json 的更多内容，请访问微信官方文档。

4.3 微信小程序的导航

4.3.1 页面导航

要了解页面导航的使用方法，请访问右侧二维码。

页面导航

为了实现页面导航，我们首先新建一个页面 page4，并在页面 page1 上添加一个 button 组件 “go to page4”：

```
<!-- page1.wxml -->
<button bindtap="button_bindtap">go to page 4</button>
```

在 button_bindtap 函数中，我们导航到页面 page4：

```
// page1.js
button_bindtap: function() {
  wx.navigateTo({
    url: '/pages/page4/page4',
  })
},
```

这里，我们调用了 wx.navigateTo 函数。wx.navigateTo 函数用于导航到指定页面。它接收一个对象作为参数，并将对象的 url 属性作为导航的目标页面。在上面的代码中，我们使用了页面 page4 的绝对路径作为 url 属性：

```
url: '/pages/page4/page4',
```

这一路径与 app.json 中页面 page4 的路径基本一致，除了最前面多出了一个用于代表项目根的 “/”：

```
// app.json
"pages": [
  ...
  "pages/page4/page4"
],
```

除了使用绝对路径，我们还可以使用相对路径：

```
<!-- page1.wxml -->
<button bindtap="button_bindtap2">go to page4 (2)</button>

// page1.js
button_bindtap2: function() {
  wx.navigateTo({
    url: '../page4/page4',
  })
},
```

相对路径中的 “../” 代表当前文件夹的上一级文件夹。如图 4-6（a）所示，由于页面 page1 位于 page1 文件夹中，而 page1 文件夹位于 pages 文件夹中，因此对于 page1.js 来讲，当前文件夹是 page1 文件夹，而上一级文件夹是 pages 文件夹。这样一来，page1.js 中的 “../” 就代表 pages 文件夹。而页面 page4 位于 pages 文件夹下的 page4 文件夹中，因此：

```
url: '../page4/page4',
```

就是页面 page4 相对于页面 page1 的相对路径。

关于 wx.navigateTo 函数的更多内容，请访问微信官方文档。

实现页面导航的方法，可以总结为以下两个步骤：

（1）调用 wx.navigateTo 函数；

（2）设置参数的 url 属性为目标页面的绝对或相对路径。

4.3.2 选项卡导航

要了解选项卡导航的使用方法，请访问右侧二维码。

选项卡导航

如果我们在页面 page1 中使用 wx.navigateTo 函数导航到页面 page2：

```
<!-- page1.wxml -->
<button bindtap="button_bindtap3">go to page2</button>

// page1.js
button_bindtap3: function() {
  wx.navigateTo({
    url: '/pages/page2/page2',
  })
},
```

会遇到如下的错误：

```
Unhandled promise rejection
{errMsg: "navigateTo:fail can not navigateTo a tabbar page"}
```

这是由于 wx.navigateTo 函数不能导航到 tabbar 页面[1]。要导航到 tabbar 页面，我们需要使用 wx.switchTab 函数：

```
<!-- page1.wxml -->
<button bindtap="button_bindtap4">go to page2 (2)</button>

// page1.js
button_bindtap4: function() {
  wx.switchTab({
    url: '/pages/page2/page2',
  })
},
```

这样就可以顺利地导航到页面 page2 了。

关于 wx.switchTab 函数的更多内容，请访问微信官方文档。

实现选项卡导航的方法，可以总结为以下两个步骤：

（1）调用 wx.switchTab 函数；

（2）设置参数的 url 属性为目标页面的绝对或相对路径。

4.4 动手做

（1）以下面的代码为例，如果数组数据的每一项里面还有一个数组，应该如何使用列表渲染将数组中的数组显示出来？

1 这里使用了小写“b”的“tabbar”是为了与微信官方文档保持一致。

```
// index.js
Page({
  data: {
    poetries: [{
        name: "寄宇文判官",
        snippet: "西行殊未已，东望何时还。",
        content: [
          "西行殊未已，东望何时还。",
          "终日风与雪，连天沙复山。"
        ]
      },
      ...
```

（2）如图 4-11 所示，当导航选项卡显示在微信小程序界面的底部时，应该如何在文本标签上方显示一个图标？

图 4-11　在导航选项卡上显示图标

（3）参考微信官方文档的 wx.navigateTo 函数用法，研究一下如何在页面 page1 将参数 id=4 传递给页面 page4。

（4）继续问题（3），在页面 page1 将参数 id=4 传递给页面 page4 之后，我们可以在页面 page4 的 onLoad 函数中获得参数 id 的值。结合调试器，研究一下如何将参数 id 的值输出到"Console"。

4.5 迈出小圈子

（1）选择一个客户端开发平台（可以是 Android、iOS、UWP、Xamarin.Forms、Flutter 等），探索一下它们是怎么实现类似于微信小程序的导航选项卡的？

（2）在你选择的客户端开发平台中，要如何实现页面导航？

（3）在你选择的客户端开发平台中，要如何实现选项卡导航？

第5章 微信小程序的数据访问与管理

在 3.4 节，我们曾提到 DPM 小程序需要访问第三方服务提供商提供的服务，并且需要访问自己的诗词数据库以呈现搜索结果。无论是访问第三方服务，还是访问自己的数据库，其目的都是一样的：访问与管理数据。在本章，我们就来学习如何在微信小程序中访问与管理数据。

5.1 微信小程序的数据访问与管理方法

在思考如何访问与管理数据时，我们首先需要考虑的问题是数据的数量。依据数据的数量，我们可以简单地将数据划分为两种类型。

（1）零星的数据，例如当前用户偏爱的背景色，以及用户首选的界面语言。这类数据的第一个特点是数据的总量通常不大。例如，对于当前用户来讲，其通常只能选择一个偏爱的背景色，以及一个首选的界面语言。这类数据的第二个特点是不同数据之间通常没有什么共同的特征。例如，背景色通常采用十六进制表示，如“#ffcc00”，而首选的界面语言通常表示为语言文化代码，如“zh-CN”。

（2）批量的数据，例如 DPM 小程序能够搜索的所有诗词。这类数据的第一个特点是数据的总量通常比较大，例如古诗词的总量可以达到数万首甚至更多。这类数据的第二个特点是数据之间存在比较明显的共同特征。例如古诗词通常包含标题、作者、朝代、正文等特征。

需要注意的一个问题是，基于数量划分数据类型的方法会受到所采用视角的影响。当我们将视角放在当前用户身上时，用户偏爱的背景色通常只有一个值，因此它属于零星的数据。但当我们将视角放在全体用户身上时，由于每个用户都拥有一个偏爱的背景色，因此它属于批量的数据。这就引出了我们划分数据类型的另一种方法，即按照数据的存储位置来划分数据。

依据数据的存储位置，我们可以将数据划分为 3 种类型。

（1）在本地存储的数据。这里的“本地”是相对微信而言的“本地”。微信小程序运行在微信中，因此这类数据保存在微信中。

（2）在远程存储的数据。这里的“远程”是相对微信而言的“远程”，特指腾讯公司微信团队与腾讯云联合推出的“小程序·云开发”服务。这类数据保存在腾讯云服务器中。

（3）在第三方服务器存储的数据。这里的“第三方”是相对微信而言的“第三方”，包括除“小程序·云开发”服务器之外的所有第三方服务器。

针对不同数量以及不同存储位置的数据，我们需要使用不同的方法来访问和管理，如表 5-1 所示。我们可以使用数据缓存技术在本地管理零星的数据。不过，微信小程序并没有提供在本地管理批量数据的方法。如果需要管理批量数据，可以使用“小程序·云开发”数据库来远程管理。

对于第三方服务器上存储的数据，则需要使用 JSON Web 服务来管理。接下来，我们就来学习这些数据的访问与管理方法。

表 5-1 微信小程序的数据访问与管理方法

数据的数量	数据的存储位置	数据的访问与管理方法
零星的数据	本地（微信）	数据缓存
主要为批量的数据 也可为零星的数据	远程 （“小程序・云开发”服务器）	“小程序・云开发”数据库
批量或零星的数据	第三方服务器	JSON Web 服务

5.2 数据缓存

要了解数据缓存的使用方法，请访问右侧二维码。

数据缓存

我们首先创建一个新的项目，在 pages 文件夹下创建 storagePage 文件夹，在 storagePage 文件夹中创建页面 storagePage，并将其设置为微信小程序的首页：

```
<!-- storagePage.wxml -->
<input model:value="{{ input }}" />
<button bindtap="savebutton_bindtap">保存</button>
<button bindtap="readbutton_bindtap">读取</button>
<view>{{ result }}</view>

// app.json
"pages": [
  "pages/storagePage/storagePage",
  ...
```

在用户单击“保存”按钮时，我们将用户输入的内容保存到数据缓存中：

```
// storagePage.js
savebutton_bindtap: function () {
  wx.setStorageSync('input', this.data.input)
},
```

这里，我们调用 wx.setStorageSync 函数在数据缓存中保存数据。wx.setStorageSync 函数接收两个参数，分别是：

（1）字符串类型的键（key），用于标识数据缓存中保存的数据；

（2）保存在数据缓存中的数据，只支持原生类型（如数值、字符串等）、Date 类型以及能够通过 JSON.stringify 序列化的对象。

在上面的代码中，'input'就是字符串类型的键，而用户输入的内容 this.data.input 就是要保存在数据缓存中的数据。保存到数据缓存中的数据会显示在调试器的“Storage”选项卡中，如图 5-1 所示。

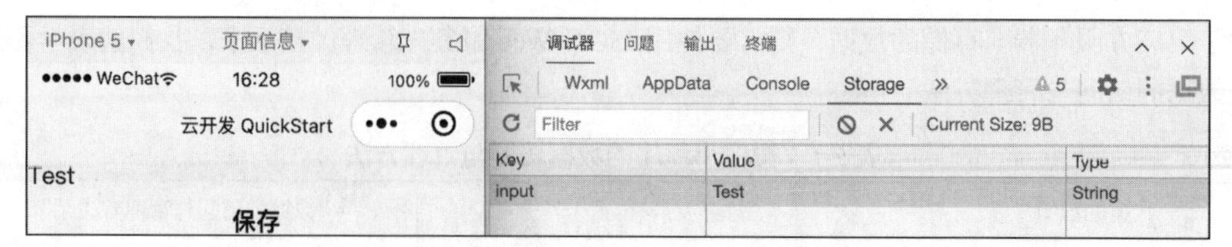

图 5-1　使用调试器检查数据缓存

在用户单击“读取”按钮时，我们从数据缓存中读取用户曾经输入的内容，并通过 result 变量显示出来：

```
readbutton_bindtap: function() {
  this.setData({
    result: wx.getStorageSync('input')
  });
},
```

要从数据缓存中读取数据，我们需要调用 wx.getStorageSync 函数。wx.getStorageSync 函数接收一个字符串类型的键作为参数，并返回数据缓存中与该键对应的数据。结合 wx.setStorageSync 函数与 wx.getStorageSync 函数，我们就可以实现对数据缓存的读写了。

数据缓存的使用方法，可以总结为以下 3 个步骤：

（1）准备字符串类型的键；

（2）调用 wx.setStorageSync 函数在数据缓存中保存数据；

（3）调用 wx.getStorageSync 函数从数据缓存中读取数据。

5.3 “小程序 · 云开发”数据库

5.3.1 准备数据库集合

要了解准备数据库集合的方法，请访问右侧二维码。

准备数据库集合

要使用“小程序 · 云开发”数据库，我们首先需要获得小程序 ID。为此，我们需要访问微信公众平台官网，登录并选择“设置”，在“账号信息”部分找到小程序 ID，如图 5-2 所示。

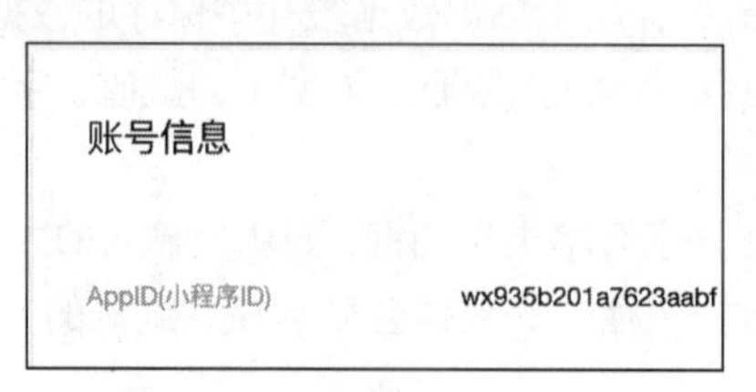

图 5-2　获得微信小程序 ID

在获得小程序 ID 之后，我们使用“小程序·云开发”模板创建小程序。在新建项目时，我们选择“小程序·云开发”初始模板，并将小程序 ID 填写在 AppID 文本框中，如图 5-3 所示。

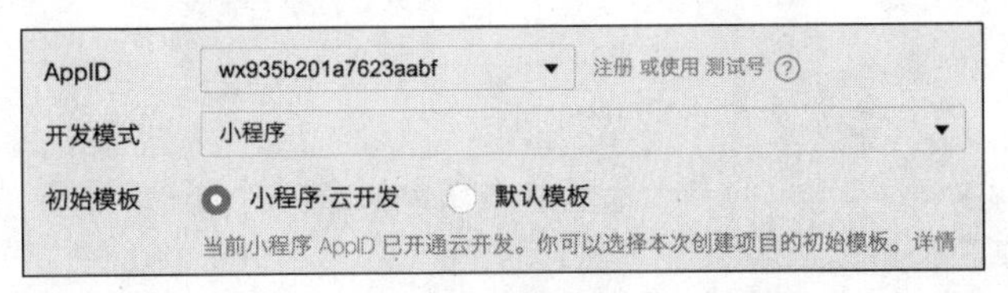

图 5-3　使用“小程序·云开发”模板创建微信小程序

接下来，我们需要创建数据库集合。如图 5-4 所示，可以找到“云开发”按钮，单击它就可以打开云开发控制台。在云开发控制台中单击“数据库”按钮可以切换到“小程序·云开发”数据库管理界面。单击“集合名称”旁边的“+”就可以创建数据库集合了。我们创建“poetry”集合用于保存诗词数据，如图 5-5 所示。

图 5-4　微信开发者工具的“云开发”按钮位置

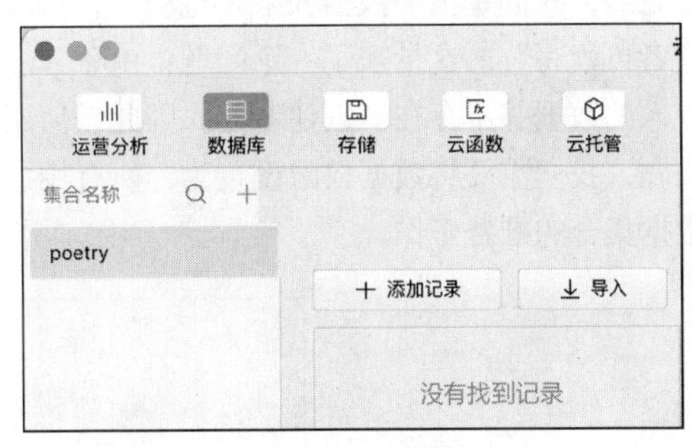

图 5-5　创建集合并导入数据

在数据库管理界面中，我们可以向数据库集合添加记录，也可以将记录直接导入数据库集合中。为了省去手动添加记录的麻烦，我们单击图 5-5 所示的“导入”按钮，打开导入数据库界面，如图 5-6 所示。单击“选择文件”按钮，找到附送代码中的“poetry.csv”文件，单击“确定”按钮，就可以将诗词数据导入“小程序·云开发”数据库了。

图 5-6　向数据库导入数据

CSV 是 Comma Separated Values（逗号分隔值）的缩写。顾名思义，CSV 文件使用逗号来分隔各个字段。CSV 文件的第一行给出了所有字段的名称。例如，poetry.csv 文件的第一行如下：

```
id,title,authorName,dynasty,content
```

这意味着 poetry.csv 文件中的每一条记录都包含 id 等 5 个字段。CSV 文件第一行之后的每一行对应一条记录，例如：

```
2,如梦令·正是辘轳金井,纳兰性德,清代，正是辘轳金井...
```

就代表了 id 为“2”，title 为“如梦令·正是辘轳金井”，authorName 为纳兰性德，朝代为清代的词。

在创建数据库集合并导入数据之后，我们还需要修改数据库集合的数据权限。在选中数据库集合之后，我们单击“数据权限”选项卡，可以看到可选的数据权限。数据权限的默认值是“仅创建者可读写”。这带来了一个问题：由于 poetry 集合中的记录是通过数据库管理界面导入的，而导入的数据并不存在“创建者”，因此任何用户都无法读取 poetry 集合中的记录。为了解决这个问题，我们需要将数据权限设置为“所有用户可读”，如图 5-7 所示。这样一来，我们就完成了数据集合的准备工作。

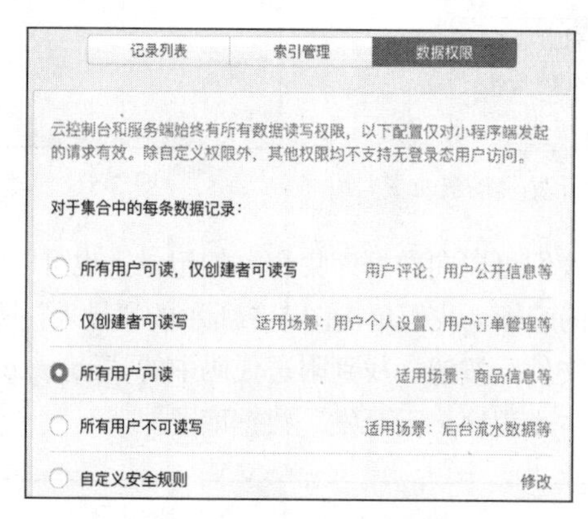

图 5-7　修改集合的数据权限

5.3.2　访问数据库

要了解访问数据库的方法，请访问右侧二维码。

访问数据库

我们首先在 pages 文件夹下创建 dbPage 文件夹，在 dbPage 文件夹中创建页面 dbPage，并将其设置为微信小程序的首页：

```
<!-- dbPage.wxml -->
```

```
<button bindtap="button_bindtap">读取数据</button>
<view wx:for="{{ poetries }}" wx:for-index="poetryIndex">
  <view>{{ poetries[poetryIndex].title }}</view>
  <view>{{ poetries[poetryIndex].authorName }}</view>
</view>

// app.json
"pages": [
  "pages/dbPage/dbPage",
  ...
```

接下来，需要调用 wx.cloud.init 函数：

```
// dbPage.js
// miniprogram/pages/dbPage/dbPage.js
wx.cloud.init();
```

在 button_bindtap 函数中，我们调用 wx.cloud.database 函数获得“小程序 • 云开发”数据库对象：

```
button_bindtap: function () {
  var db = wx.cloud.database();
  ...
```

获得“小程序 • 云开发”数据库对象之后，就可以调用 collection 函数打开 poetry 集合了：

```
var collection = db.collection("poetry");
```

要获得数据库集合中的记录，需要调用 collection 对象的 get 函数。不过，get 函数并没有返回值，因此下面的代码不会工作：

```
// In *.js, this won't work
var poetries = collection.get();
```

事实上，我们需要向 get 函数传递一个对象作为参数，并在对象中提供一个 success 函数用于接收由 get 函数返回的记录：

```
1   collection.get({
2   success: function (result) {
3       // ...
4     },
5   });
```

在调试器中，我们可以在上面代码的第 4 行处设置一个断点，并单击“读取数据”按钮，看看 success 函数能否被正确地调用。在正常情况下，断点能够命中。此时如果将鼠标指针悬停到 result 参数上，就会显示出 get 函数返回的记录，如图 5-8 所示。

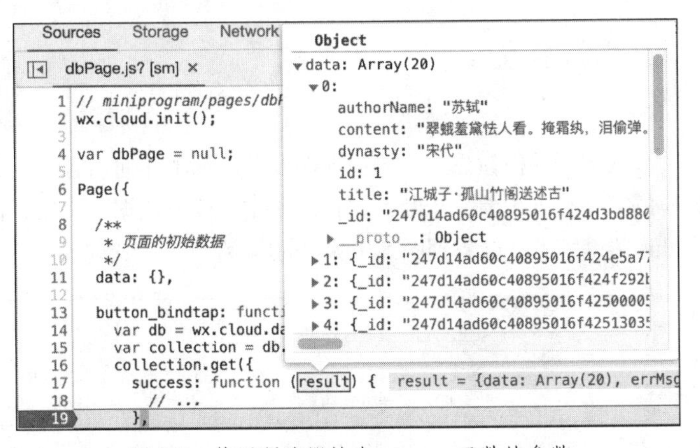

图 5-8　使用调试器检查 success 函数的参数

> 如果断点能够命中，但 result 参数的 data 属性中没有记录，则通常是数据权限设置不当导致的。请参阅 5.3.1 节设置集合的数据权限。

这里的 success 函数被称为“回调（callback）函数”，“callback”的本意是“回电话”。这里，我们将 success 函数作为参数传递给 collection 对象的 get 函数。在 get 函数从“小程序 • 云开发”数据库的 poetry 集合中取回记录后，会像给我们“回电话”一样回调 success 函数，并将记录传递给 success 函数的 result 参数。此时，我们就可以在 success 函数中利用 result 参数获得从“小程序 • 云开发”数据库返回的记录了。

另外，我们在 5.3.1 节一共向 poetry 集合中导入了 30 条记录，但 get 函数只返回了 20 条记录。这是由于腾讯公司限制“小程序 • 云开发”数据库一次最多为微信小程序返回 20 条记录。我们会在后面的章节学习如何返回更多的记录，以及如何向集合中添加记录或修改集合中的记录。

> 读取“小程序 • 云开发”数据库集合中数据的方法，可以总结为以下 5 个步骤：
>
> （1）调用 wx.cloud.init 函数初始化“小程序 • 云开发”环境；
>
> （2）调用 wx.cloud.database 函数获得“小程序 • 云开发”数据库对象；
>
> （3）调用数据库对象的 collection 函数打开数据库集合，获得数据库集合对象；
>
> （4）调用数据库集合对象的 get 函数，传递带有 success 回调函数的对象；
>
> （5）从 success 回调函数的 result 参数中获得返回的记录。

5.3.3 回调函数与数据绑定

> 要了解在回调函数中进行数据绑定的方法，请访问右侧二维码。

回调函数与数据绑定

从集合中获得记录之后，我们就可以利用数据绑定将记录显示出来了：

```
1    success: function (result) {
2      this.setData({
3        poetries: result.data
4      });
5    },
```

然而，在单击“读取数据”按钮之后，界面上却没有显示出任何内容。这是为什么呢？

我们在上述代码的第 2 行处设置一个断点，再次单击“读取数据”按钮，待断点命中之后，将鼠标指针悬停在 this 关键字上，会看到图 5-9 所示的内容。

图 5-9 success 回调函数中的 this 关键字

作为对比，我们在 button_bindtap 函数的开头额外调用一次 setData 函数：

```
1   button_bindtap: function () {
2     this.setData({});
3     var db = wx.cloud.database();
```

在上述代码的第 2 行处设置一个断点并查看 this 关键字的值，如图 5-10 所示。

图 5-10　button_bindtap 函数中的 this 关键字

对比图 5-9 与图 5-10，我们可以确定 success 回调函数中的 this 关键字与 button_bindtap 函数中的 this 关键字具有不同的值。button_bindtap 函数中的 this 关键字指向当前页面，因此具有 setData 函数，可以用于设置变量的值从而进行数据绑定。而 success 回调函数中的 this 关键字指向 success 回调函数自身[1]，因此没有 setData 函数，也就不能进行数据绑定。

有很多种方法可以解决上面的问题。这里，我们采用一种简单且直接的方法。我们在 dbPage.js 文件中定义一个变量 dbPage：

```
wx.cloud.init();
var dbPage = null;
Page({
  ...
```

接下来，我们将 this 关键字的值赋给 dbPage 变量。由于页面在加载过程中会自动调用 onLoad 函数，因此我们可以在 onLoad 函数中将 this 关键字的值赋给 dbPage 变量：

```
/**
 * 生命周期函数—监听页面加载
 */
onLoad: function (options) {
  dbPage = this;
},
```

这样一来，我们就可以在 success 回调函数中调用 dbPage 变量并通过 setData 函数来进行数据绑定了：

```
success: function (result) {
  dbPage.setData({
    poetries: result.data
  });
},
```

一个有趣的事实是，在主流的编程语言（如 JavaScript、Java、C++、C#、Python 等）中，只有 JavaScript 的 this 关键字的值会受到回调函数的影响。在其他主流语言中，this 关键字的值始终都指向当前对象，无论是在回调函数内，还是在回调函数外。这种相对“非主流”的行为也是 JavaScript 众多特色中的一个。

---

1 在 JavaScript 中，函数也是对象，因此 this 关键字可以指向 success 回调函数。

在回调函数中进行数据绑定的方法，可以总结为以下 3 个步骤：

（1）在页面的*.js 文件中定义变量*Page，用于保存 this 关键字的值；

（2）在 onLoad 函数中将 this 关键字的值赋给*Page 变量；

（3）在回调函数中调用*Page.setData 函数进行数据绑定。

5.4 访问 Web 服务

要了解 Web 服务的访问方法，请访问右侧二维码。

访问 Web 服务

我们首先使用“小程序 • 云开发”模板创建一个新的项目，在 pages 文件夹下创建 webServicePage 文件夹，在 webServicePage 文件夹中创建页面 webServicePage，并将其设置为微信小程序的首页：

```
<!-- webServicePage.wxml -->
<button bindtap="button_bindtap">获取</button>
<text>{{ result }}</text>

// app.json
"pages": [
  "pages/webServicePage/webServicePage",
  ...
```

我们要访问的 Web 服务的地址是 https://v2.jinrishici.com/token。使用浏览器访问这一网址，会返回类似下面的一段 JSON 代码[1]：

```
{
  "status": "success",
  "data": "qtdrXVNfc+awwgqobLSUlwcEuVq7j89s"
}
```

我们希望达到的目标是使用微信小程序访问上述地址，并将 data 属性的值显示出来。为此，我们需要调用 wx.request 函数：

```
// webServicePage.js
button_bindtap: function () {
  wx.request({
    url: 'https://v2.jinrishici.com/token',
    success: function (response) {
      ...
    }
  })
},
```

与 5.3.2 节提到的 collection.get 函数类似，wx.request 函数也接收一个对象作为参数，并且需要参数对象提供一个 success 回调函数用于接收由 wx.request 函数返回的结果。除此之外，

1 这段代码进行了重新排版。使用不同的浏览器以及 IP 地址访问时，data 属性的值会发生变化。

wx.request 函数的参数对象还需要提供一个 url 属性，用于给出要访问的地址。

wx.request 函数与 collection.get 函数的另一处相似之处在于，collection.get 函数的返回结果保存在 success 回调函数参数的 data 属性中：

```
success: function (result) {
  dbPage.setData({
    poetries: result.data
  ...
```

wx.request 函数的返回结果也保存在 success 回调函数参数的 data 属性中。不过，由于我们需要访问 https://v2.jinrishici.com/token 返回的 JSON 代码的 data 属性，因此我们需要访问的是 response.data.data：

```
// webServicePage.js
// miniprogram/pages/webServicePage/webServicePage.js
var webServicePage = null;
...
onLoad: function (options) {
  webServicePage = this;
},
...
wx.request({
  url: 'https://v2.jinrishici.com/token',
  success: function (response) {
    webServicePage.setData({
      result: response.data.data
    });
  }
})
```

这里的 response.data 代表 https://v2.jinrishici.com/token 返回的 JSON 代码，response.data.data 则代表 JSON 代码的 data 属性。不过，此时单击“获取”按钮，会发现调试器中给出了如图 5-11 所示的错误信息。

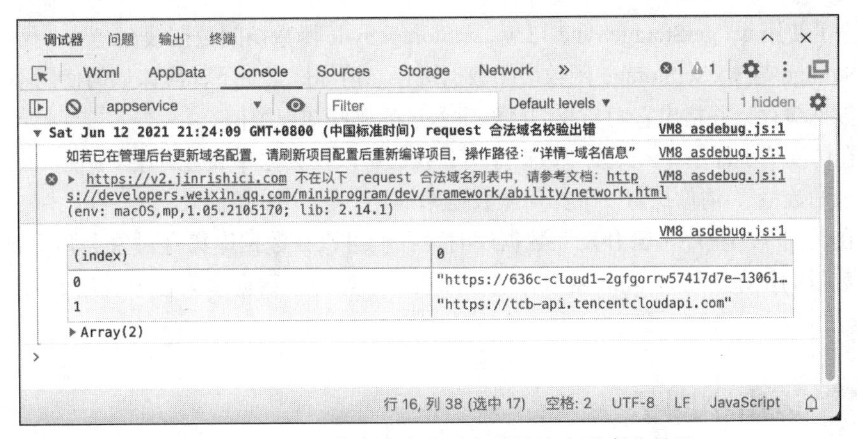

图 5-11　访问不在合法域名列表中的域名引发的错误

上述错误是由于腾讯公司限制微信小程序只能访问指定的域名所导致的。要访问 v2.jinrishici.com，我们需要将这一域名加入 request 合法域名列表。为此，我们需要打开并登录到微信公众平台官网，选择“开发管理”，切换到“开发设置”选项卡，在“服务器域名”部分单击“修改”按钮，将 https://v2.jinrishici.com 设置为 request 合法域名，如图 5-12 所示。设置完成之后，再次单击“获取”按钮，就会显示出 data 属性的内容了。

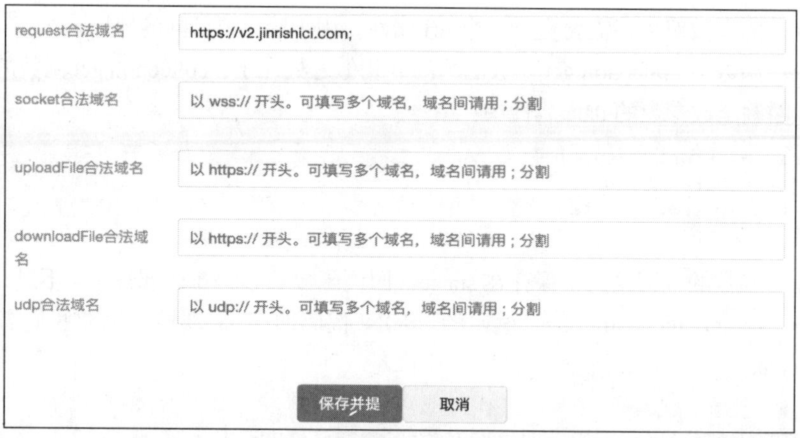

request合法域名 https://v2.jinrishici.com;

socket合法域名 以 wss:// 开头。可填写多个域名，域名间请用；分割

uploadFile合法域名 以 https:// 开头。可填写多个域名，域名间请用；分割

downloadFile合法域名 以 https:// 开头。可填写多个域名，域名间请用；分割

udp合法域名 以 udp:// 开头。可填写多个域名，域名间请用；分割

保存并提 取消

图 5-12　配置 request 合法域名

> 如果在正确配置 request 合法域名后依然无法访问域名，可以尝试重新启动微信开发者工具。

> 访问 Web 服务，可以总结为以下两个步骤：
>
> （1）调用 wx.request 函数，在参数对象中使用 url 属性给出要访问的地址，并提供 success 回调函数以接收返回的结果；
>
> （2）从回调函数参数的 data 属性中读取返回的 JSON 代码。

5.5 动手做

（1）除了使用 wx.getStorageSync 与 wx.setStorageSync 函数访问数据缓存之外，我们还可以使用 wx.getStorage 与 wx.setStorage 函数访问数据缓存。请你探索一下，应该如何使用不带 Sync 的函数访问数据缓存，并指出它们与我们已经学习过的哪些知识类似。

（2）在访问“小程序·云开发”数据库时，我们可以在数据库集合对象上调用 limit 函数来限制返回记录的数量[1]。请你探索一下如何从数据库集合中返回 10 条记录。

（3）在访问“小程序·云开发”数据库时，我们可以在数据库集合对象上调用 skip 函数来跳过给定数量的记录。结合 limit 函数，请你探索一下如何从数据库集合中跳过 5 条记录并返回 10 条记录。

5.6 迈出小圈子

（1）JavaScript 是一门非常“有趣”的语言，具有一些非常独特的“特性”。请你试着用 JavaScript 计算 0.1+0.2，以及 0.3−0.1 的结果，并搜索为什么会得到这样的结果，以及如何在实际应用中避免这类问题。你可以直接在微信开发者工具调试器的“Console”选项卡中输入“0.1 + 0.2”并按 Enter 键来获得计算结果，如图 5-13 所示。

1 即便调用了 limit 函数，返回记录的数量依然不能超过 20 条。

图 5-13　在调试器中执行 JavaScript 代码

（2）很多主流语言都有 this 关键字，而 JavaScript 的 this 关键字是让人感到非常迷惑的。请你搜索“javascript this”，阅读搜索结果，总结 JavaScript 的 this 关键字与其他语言的 this 关键字的区别，以及如何解决 this 关键字导致的问题。

第6章 微信小程序的分层架构

在学习了一系列组件以及如何使用微信小程序管理数据之后，我们来学习一些“高级知识”。在本章中，我们会从分层架构的视角来审视微信小程序，并探索如何形成属于我们自己的架构设计。分层架构将会贯穿后续所有的章节，因此我们需要认真地学习它。

6.1 渲染层与逻辑层

6.1.1 WXML 文件与 JS 文件的关系

让我们回到 2.2.1 节 input 组件 bindinput 属性的例子。在 WXML 文件中，我们将 input 组件的 bindinput 属性关联到了 JS 文件中定义的 inputBindInput 函数：

```
<!-- index.wxml, the Controls project -->
<input bindinput="inputBindInput" />
```

当用户在 input 组件中输入内容时，inputBindInput 函数会自动被调用。此时，我们可以通过 e.detail.value 读取用户输入的内容：

```
// index.js, the Controls project
inputBindInput: function (e) {
  console.log(e.detail.value);
},
```

在上述过程中，WXML 文件清楚地知道 JS 文件的存在并了解 JS 文件的内容，其体现在 input 组件将 bindinput 属性关联到了 JS 文件的 inputBindInput 函数。然而，JS 文件似乎并不了解 WXML 文件的存在，其体现为 JS 文件不是直接引用 WXML 文件中定义的 input 组件，而是等到 WXML 文件调用 JS 文件的 inputBindInput 函数时，才能从参数 e 中读取用户输入的内容。

我们再来看看 2.2.2 节中 input 组件与数据绑定的例子。在 WXML 文件中，我们利用双向数据绑定，将 input 组件的值绑定到了 JS 文件中定义的 inputValue 变量：

```
<!-- index.wxml, the Controls project -->
<input model:value="{{ inputValue }}" />
<button bindtap="inputButtonBindTap">log input</button>

// index.js, the Controls project
data: {
  inputValue: "",
  ...
```

当用户在 input 组件中输入内容时，inputValue 变量的值会自动变为用户输入的内容。因此，我们可以直接在 JS 文件中读取 inputValue 变量的内容：

```
// index.js, the Controls project
inputButtonBindTap: function () {
  console.log(this.data.inputValue);
},
```

在上述过程中，WXML 文件依然清楚地了解 JS 文件的内容，其体现在 input 组件将 model:value 属性绑定到了 JS 文件的 inputValue 变量，同时 button 组件将 bindtap 属性绑定到了 inputButtonBindTap 函数。另一方面，JS 文件依然不知道 WXML 文件的存在，其体现为 inputButtonBindTap 函数只读取 JS 文件定义的 inputValue 变量，完全不需要与 WXML 文件中定义的组件发生直接关系。

我们再回到 1.3 节的 Hello World 项目。在 WXML 文件中，我们将 text 组件的内容绑定到 JS 文件中定义的 result 变量[1]：

```
<!-- index.wxml, the HelloWorld project -->
<button bindtap="button_bindtap">Click Me!</button>
<text>{{ result }}</text>
```

当用户单击“Click Me!”按钮时，我们在 JS 文件中将 result 变量的值设置为“Hello World!”。此时，“Hello World!”就会显示在页面上。

```
// index.js, the HelloWorld project
button_bindtap: function () {
  this.setData({
    result: "Hello World!"
  });
}
```

在上述过程中，WXML 文件依然清楚地了解 JS 文件的内容，其体现在 text 组件将内容绑定到了 JS 文件的 result 变量，以及 button 组件将 bindtap 属性绑定到了 button_bindtap 函数。同时，WXML 文件还会监视 result 变量的变化。当 result 变量的值发生变化时，WXML 文件会立刻将新的值显示出来。而 JS 文件依然不知道 WXML 文件的存在，而是简单地操作 result 变量。

结合对上述 3 个例子的分析，我们可以总结出微信小程序中 WXML 文件与 JS 文件的关系如下。

（1）WXML 文件依赖于 JS 文件，其表现为组件需要将与用户交互有关的属性（如 bindtap）关联到 JS 文件中定义的函数，并将值（如 model:value）或内容绑定到 JS 文件中定义的变量。

（2）JS 文件不依赖于 WXML 文件，其表现为 JS 文件只能调用自身定义的函数或变量，而不能调用 WXML 中定义的组件。

（3）WXML 文件会监视 JS 文件中定义的变量的变化，一旦 JS 文件中定义的变量的值发生了变化，WXML 文件会将新的值呈现在页面上。

上述关系可以描述为图 6-1。在图 6-1 中，我们采用了一种分层的思想来呈现 WXML 文件与 JS 文件之间的关系。由于 WXML 文件负责页面的显示与渲染，我们将其所在的层称为渲染层。类似地，由于 JS 文件负责程序的执行逻辑，我们将其所在的层称为逻辑层。

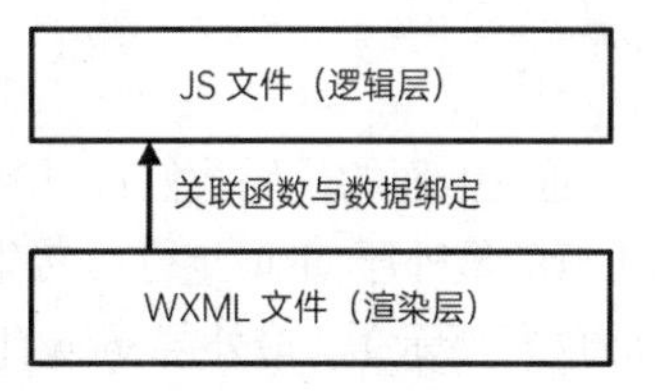

图 6-1　WXML 文件与 JS 文件的关系

1 我们并没有在 JS 文件中定义 result 变量，不过这是 JavaScript 的一个特性。在 JavaScript 中，我们可以直接使用一个变量，而不需要事先定义它。

在图 6-1 中，渲染层依赖于逻辑层，其表现为渲染层需要关联逻辑层中定义的函数，并将其绑定到逻辑层中定义的变量。而逻辑层不依赖于渲染层，其表现为逻辑层不需要调用渲染层的任何内容。这种层间的单向依赖是软件分层架构的核心思想和特征。

6.1.2 小程序的渲染层实现

我们来探讨微信小程序如何将 WXML 代码显示为页面[1,2]。微信使用 WebView 控件来显示微信小程序页面。我们可以简单地将 WebView 控件理解为嵌入在应用程序中的浏览器。利用 WebView，我们可以在应用程序中显示任意的网页。我们平时在微信公众号中看到的文章，其实就显示在 WebView 中。

WebView 是平台原生控件，这意味着安卓版本的微信调用的是安卓版本的 WebView，而 iOS 版本的微信调用的是 iOS 版本的 WebView。但由于 WebView 就是一个浏览器，因此无论在什么平台下使用何种版本的 WebView，同一个网页都会得到同样的渲染效果。继续以微信公众号中的文章为例，无论在安卓平台还是在 iOS 平台下调用 WebView，同一篇文章的显示效果是完全相同的。

不过，WXML 代码并不是网页，不能直接通过 WebView 显示出来。因此，微信需要将 WXML 代码转化为 DOM，再交给 WebView 显示。以下面一段 WXML 代码为例：

```
W1  <view>
W2    <view>江南春</view>
W3    <view>杜牧</view>
W4  </view>
```

微信会首先将上述 WXML 代码转化为如下所示的一个 JavaScript 对象：

```
J1  {
J2    name: "view",
J3    children: [
J4      {
J5        name: "view",
J6        children: [
J7        {
J8          text: "江南春"
J9        }]
J10     },
J11     {
J12       name: "view",
J13       children: [
J14       {
J15         text: "杜牧"
J16       }]
J17     },
J18   ]
J19 }
```

通过上面的代码我们可以看到，将 WXML 代码转化为 JavaScript 对象的规则并不复杂。位于 W1 行的最外层 view 组件被转化成了位于 J1 行的最外层对象，且对象的 name 属性的值为“view”（如 J2 行所示）。最外层 view 组件的两个 view 子组件（W2 行与 W3 行）以数组的形式保存在最外层对象的 children 属性中（J3 行），并且每个子组件各自被转化成一个对象（J4 行与 J11 行）。

1 更多知识可参考微信开放社区中的《理解小程序宿主环境》。

2 为了便于解释原理，这里和后续介绍都采用了简化的叙述。微信实际使用的技术要更加复杂。

最后，位于 W2 行与 W3 行的两个 view 子组件的文本内容被转化为两个对象（J7 行与 J14 行），并放在各自对应的 view 子组件的 children 属性中（J6 行与 J13 行）。

在将 WXML 代码转化成 JavaScript 对象之后，微信会进一步将 JavaScript 对象转化为图 6-2 所示的 DOM 树，并将 DOM 树交给 WebView 显示。

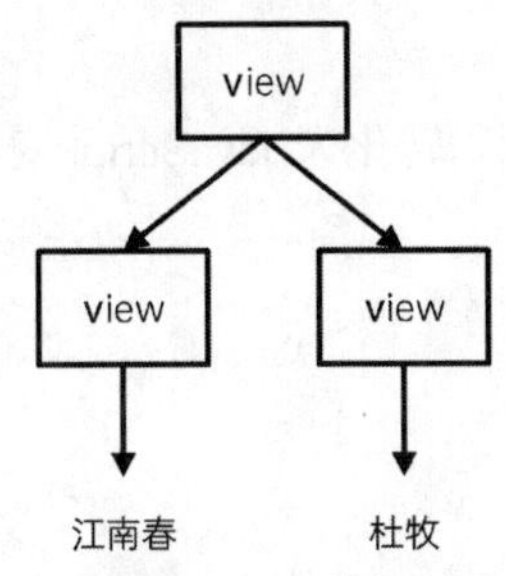

图 6-2　由 JavaScript 对象转化得到的 DOM 树

一个微信小程序通常具有多个页面。对应地，微信也会使用多个 WebView 渲染页面。基于上述分析，我们可以将图 6-1 中的渲染层修改为图 6-3 所示的渲染层。

图 6-3　微信小程序的渲染层

6.1.3　小程序的逻辑层实现

相比于渲染层，微信小程序逻辑层的实现要简单一些。微信使用“JsCore”技术来执行 JavaScript 代码。与 WebView 类似，在不同平台下，JsCore 也有各自的实现。在安卓平台下，JsCore 使用 JavaScriptCore 来执行 JavaScript 代码。在 iOS 平台下，JsCore 使用 X5 JSCore 来执行 JavaScript 代码。在微信开发者工具中，JsCore 使用的则是 nwjs。但无论在哪个平台下使用何种技术，同样的 JavaScript 代码会产生同样的执行效果。基于这一分析，我们可以将图 6-1 中的逻辑层修改为图 6-4 所示的逻辑层。

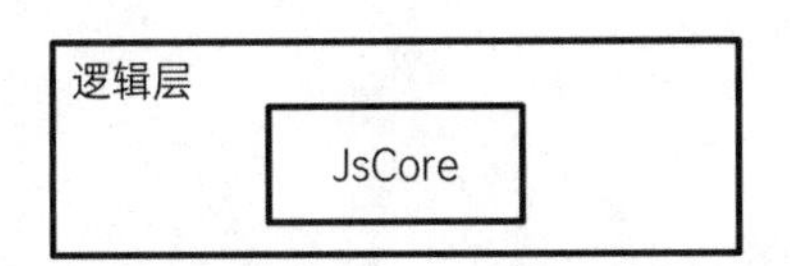

图 6-4　微信小程序的逻辑层

6.1.4　渲染层与逻辑层之间的通信

在 6.1.1 节我们曾提到，微信小程序的渲染层依赖于逻辑层。那么，渲染层和逻辑层之间是如何进行通信的呢？事实上，渲染层和逻辑层之间并不能直接通信，而是必须通过微信进行中转通信。以下面的 WXML 代码与 JS 代码为例：

```
<!-- WXML -->
<view>
  <view>{{ title }}</view>
```

```
  <view>{{ authorName }}</view>
</view>

// JavaScript
this.setData({
  title: "江南春",
  authorName: "杜牧"
});
```

采用 6.1.2 节介绍的将 WXML 代码转化为 JavaScript 对象的方法，微信会将上述两段代码合并为一个 JavaScript 对象：

```
{
  name: "view",
  children: [{
      name: "view",
      children: [{
        text: "江南春"
      }]
    },{
      name: "view",
      children: [{
        text: "杜牧"
      }]
    },
  ]
}
```

再将其转化为图 6-2 所示的 DOM 树。接下来，如果在逻辑层中调用 setData 函数修改变量的值：

```
this.setData({
  title: "乌衣巷",
  authorName: "刘禹锡"
});
```

则合并得到的 JavaScript 对象对应的节点就会发生变化：

```
{
  name: "view",
  children: [{
      name: "view",
      children: [{
        text: "乌衣巷"
      }]
    },{
      name: "view",
      children: [{
        text: "刘禹锡"
      }]
    },
  ]
}
```

对比变量值修改前后的两个 JavaScript 对象，发现对象之间的差异如下：

（1）把 children[0]的 view 下的 text 修改为“乌衣巷”；

（2）把 children[1]的 view 下的 text 修改为“刘禹锡”。

将上述差异应用到 DOM 树上，就能得到新的 DOM 树了，如图 6-5 所示。

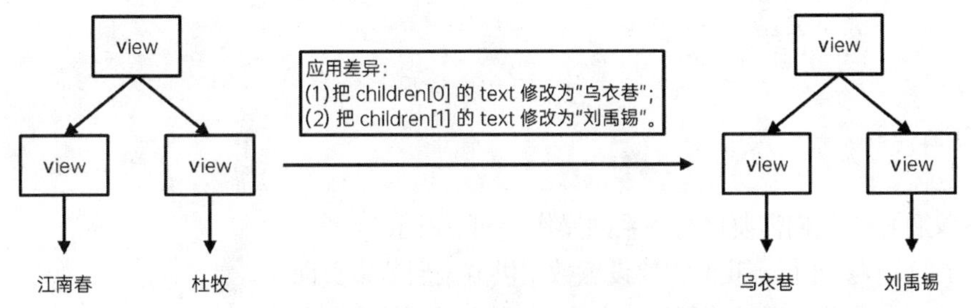

图 6-5　将差异应用到 DOM 树

现在我们知道微信小程序的渲染层和逻辑层之间并不能直接通信，而是必须通过微信进行中转。因此，我们有必要对图 6-1 进行修改，从而正确地反映渲染层、逻辑层以及微信之间的关系，如图 6-6 所示。

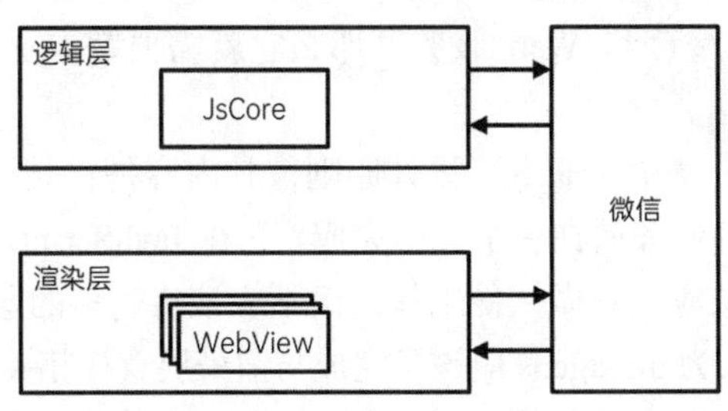

图 6-6　微信小程序的渲染层与逻辑层

6.2 逻辑层的进一步划分

6.2.1　微信小程序逻辑层的问题

微信小程序的渲染层与逻辑层实现了对页面渲染和程序逻辑的分离，使我们在编写页面代码时只需要了解逻辑层提供的函数与变量，而不必关心复杂的程序逻辑，从而将注意力集中到页面的设计上。类似地，在编写 JavaScript 代码时，我们只需关注逻辑层需要为页面提供哪些函数与变量，而不必关注如何将数据呈现出来，从而将注意力集中到对程序逻辑的构思上。这是所有分层架构设计所追求的目标：将不同类型的工作（如页面渲染和程序逻辑）分布在不同的层中，使我们在从事某一层的开发时，只需要关注这一层的工作，而不必关注其他层的工作，从而降低开发的难度，提升项目开发的成功率。

在微信小程序中，由于渲染层使用 WXML 文件编写，而逻辑层使用 JS 文件编写，因此我们开发的微信小程序总是天然地具有“逻辑层-渲染层”二层架构，并获得由分层开发所带来的好处。不过，在进行更复杂的开发时，这种二层架构依然存在着一些不足。而过于复杂的逻辑层则是这些不足中非常明显的一个。

让我们回到 5.3 节“小程序・云开发”数据库的例子：

```
J1  // dbPage.js, the Database project
J2  button_bindtap: function () {
J3    this.setData({});
J4    var db = wx.cloud.database();
J5    var collection = db.collection("poetry");
J6    collection.get({
J7      success: function (result) {
```

```
J8          dbPage.setData({
J9            poetries: result.data
J10         });
J11       },
J12     });
J13   },
```

在 JS 文件中，我们需要进行一系列操作，如下所示。

（1）在 J3 行与 J8 行，我们需要设置数据供渲染层渲染页面。

（2）在 J4 行，我们需要获得“小程序 · 云开发”数据库对象。

（3）在 J5 行，我们需要打开数据库集合。

（4）在 J6 行，我们需要发起数据库查询。

这让 dbPage.js 文件成为一名“多面手”：它既要知道如何设置数据，也要知道如何获得“小程序 · 云开发”数据库对象与打开数据库集合，还要知道如何发起数据库查询。如果 dbPage.js 还需要访问数据缓存和 Web 服务，那么它就需要掌握更多的技能。这让 dbPage.js 变得过于复杂。

在软件设计中，有一个“单一职责”设计原则，其内容是：“一个类只应该做和一个职责相关的事情，不要把过多的业务放在一个类中完成。”在 JavaScript 中，我们可以将“类”替换为“对象”，因此一个对象应该只做一份工作，而不应该将过多的业务交给一个对象完成。

依照这种原则，我们认为 dbPage.js 应该只完成与渲染层直接相关的工作，而将访问数据库、数据缓存以及 Web 服务等工作交给其他对象完成。依据这一思路，我们可以重构 Database 项目。

6.2.2 重构 Database 项目

要了解如何重构 Database 项目，请访问右侧二维码。

重构 Database 项目

为了让 dbPage.js 文件专注于与渲染层直接相关的工作，我们对 Database 项目进行了一系列的重构。首先，我们希望将初始化“小程序 · 云开发”，以及获得“小程序 · 云开发”数据库对象的工作独立出来。为此，我们在 miniprogram 文件夹下创建一个 services 文件夹，并创建一个 dbService.js 文件：

```
// dbService.js, the Database2 project
wx.cloud.init();

// 数据库服务。
module.exports = { db: wx.cloud.database() };
```

在上面的代码中，我们将 module.exports 属性设置为一个对象，并且该对象的 db 属性的值就是“小程序 · 云开发”数据库对象。这样一来，我们只需要在其他 JS 文件中包含（require）dbService.js 文件，就会自动调用 wx.cloud.init 函数，并通过 db 属性获得“小程序 · 云开发”数据库对象了。

除了 dbService.js 文件，我们还在 services 文件夹下创建了 poetryStorage.js 文件：

```
// poetryStorage.js
// 诗词存储。
var poetryStorage = {
  // 数据库服务。
  _dbService: require("dbService.js"),

  // 获取一组诗词。
  // callback: 回调函数。
  getPoetriesAsync: function (callback) {
    this.poetryCollection.get({
      success: function (result) {
        callback(result.data)
      }
    });
  },
};
```

我们在 poetryStorage.js 文件中定义了一个对象 poetryStorage 作为诗词存储服务对象。poetryStorage 对象具有属性_dbService，其值为包含 dbService.js 文件的结果，即 dbService.js 中 module.exports 属性的值。因此，poetryStorage. _dbService.db 就是“小程序·云开发”数据库对象。

我们在 poetryStorage 对象中定义了 getPoetriesAsync 函数用于获取一组诗词。getPoetriesAsync 函数接收如下参数。

callback：回调函数，其需要接收从数据库集合中返回的记录数组作为参数。

我们会使用上述参数来从数据库集合中取回对象。其中，callback 参数作为回调函数，将在数据库集合返回结果时被调用：

```
getPoetriesAsync: function (callback) {
  this.poetryCollection.get({
    success: function (result) {
      callback(result.data)
    }
  });
},
```

上述代码中的 poetryCollection 是 poetryStorage 对象的属性，其值为 poetry 数据库集合对象：

```
poetryStorage.poetryCollection =
  poetryStorage._dbService.db.collection("poetry");
```

最后，我们将 poetryStorage 对象赋值给 module.exports 属性。这样一来，我们只需要包含 poetryStorage.js 文件，就能获得 poetryStorage 对象了：

```
module.exports = poetryStorage;
```

由于 poetryStorage.js 文件承担了打开数据库集合以及发起数据库查询的工作，我们在 dbPage.js 文件中只需要包含 poetryStorage.js 文件，再调用 getPoetriesAsync 函数就可以了：

```
// dbPage.js
var dbPage = null;

// 诗词服务。
var _poetryStorage =
  require("../../services/poetryStorage.js");

Page({
  ...
  button_bindtap: function () {
    _poetryStorage.getPoetriesAsync(5, 10,
      function (result) {
```

```
        dbPage.setData({
          poetries: result
        });
      });
    },

    onLoad: function (options) {
      dbPage = this;
    },
    ...
```

对比 Database 项目的 dbPage.js 文件，Database2 项目的 dbPage.js 文件需要了解的事情就少了很多。它只需要了解如何利用 poetryStorage.js 文件获取诗词，以及如何为渲染层设计数据就可以了。至于初始化“小程序·云开发”、获得数据库对象、打开数据库集合以及发起数据库查询等复杂的工作都已经被 poetryStorage.js 以及 dbService.js 文件接管了。dbPage.js 文件现在对这些工作一无所知，因此编写 dbPage.js 文件的难度极大地降低了。

6.2.3 页面逻辑层与服务逻辑层

我们来分析 6.2.2 节的 Database2 项目与 5.3 节的 Database 项目的区别。与 Database 项目相比，在 Database2 项目中，我们从页面的 JS 文件中将与渲染层不直接相关的代码全部剥离了出来，形成了逻辑层中的一个独立的子层。我们将这个子层称为服务逻辑层，并将相关的 JS 文件放在 services 文件夹下。服务逻辑层只关注具体的业务，而不关注设置数据等与渲染层相关的工作，因此降低了复杂度和编写代码的难度。

在将具体的业务剥离出去之后，页面的 JS 文件只需要关注如何调用服务逻辑层的 JS 文件以及如何处理与渲染层相关工作。从分层架构的角度来讲，页面的 JS 文件由于依赖于服务逻辑层，因此其层次位于服务逻辑层之下。同时由于其被渲染层所依赖，因此其层次位于渲染层之上。我们将页面的 JS 文件所在的层称为页面逻辑层。服务逻辑层、页面逻辑层以及渲染层之间的关系如图 6-7 所示。

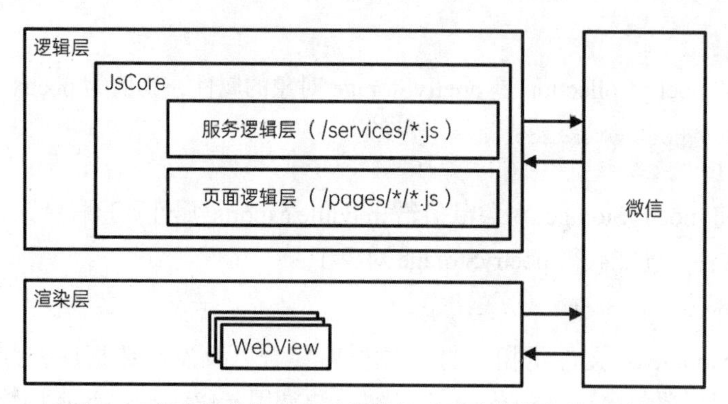

图 6-7　服务逻辑层、页面逻辑层以及渲染层之间的关系

图 6-7 所示的“服务-页面-渲染”三层架构是我们在后续所有的章节将会采用的架构。我们会一起学习如何利用这一架构解决各种类型的问题。

> “服务-页面-渲染”三层架构的使用方法，可以总结为以下 3 条原则：
> （1）页面的 WXML 代码、WXSS 代码等属于渲染层实现；
> （2）与页面渲染直接相关的逻辑代码属于页面逻辑层实现，位于页面的 JS 文件中；
> （3）与页面渲染不直接相关的逻辑代码属于服务逻辑层实现，位于 services 文件夹中。

6.3 动手做

（1）在 6.2.2 节，我们采用如下的方法设置 poetryStorage 对象的 poetryCollection 属性：

```
poetryStorage.poetryCollection =
  poetryStorage._dbService.db.collection("poetry");
```

而没有选择在定义 poetryStorage 对象时直接设置 poetryCollection 属性：

```
// 诗词存储。
var poetryStorage = {
  // 数据库服务。
  _dbService: require("dbService.js"),

  _poetryCollection:
    this._dbService.db.collection("poetry"),
  ...
```

请你探索一下，为什么我们要这样做？

（2）请你采用“服务-页面-渲染”三层架构，重构 5.2 节的 Storage 项目。

（3）请你采用“服务-页面-渲染”三层架构，重构 5.4 节的 WebService 项目。

6.4 迈出小圈子

（1）许多开发框架都采用了类似于微信小程序的“逻辑层-渲染层”架构。请你探索一下同样使用 JavaScript 语言的三大前端开发框架 Vue.js、React 以及 AngularJS 各自采用了什么样的分层架构。作为一个小提示，请特别注意缩写“MVVM”。

（2）除了采用 JavaScript 语言的开发框架，很多原生开发平台也采用了类似的分层架构。请你探索一下在安卓平台下，如何实现类似于微信小程序的基于数据绑定的开发。再一次提示，请注意缩写“MVVM”。

（3）MVVM 到底是什么？MVVM 和微信小程序的“逻辑层-渲染层”架构之间又有什么样的关系？

第7章 微信小程序的服务逻辑层实现

在第6章，项目已经形成了“服务-页面-渲染”三层架构设计。在本章中，我们将正式开始DPM小程序的编码开发工作。首先，我们会探讨应该从何处开始编码，并实现DPM小程序的第一个服务：诗词存储服务。接下来，我们将完成诗词存储服务的设计、实现以及测试工作。在此过程中，我们将学会如何逐步地实现小程序的服务逻辑层。

7.1 开发切入点的选择

在开发软件时，我们总是面临着这样一个问题：我们究竟应该从何处开始软件的开发工作？

在开发不同的软件时，上述问题的答案是不同的。总的来讲，对于用户在登录之后才能使用，即有身份验证需求的软件，我们的建议是将身份验证机制作为开发的切入点。这是由于用户的身份验证（以及授权）工作通常会集成到这类软件的所有模块，并贯穿软件的整个开发过程。如果不能尽早确定身份验证的方法，可能导致已经开发的模块不能很顺利地集成身份验证机制，带来大量的返工，甚至引入严重的身份验证漏洞，威胁软件的安全运行。因此，只要有身份验证需求，我们就应该将身份验证机制作为最优先开发的事项。

不过值得庆幸的是，“小程序·云开发”数据库自带透明的身份验证机制。当用户向数据库中写入数据时，“小程序·云开发”数据库会自动保存用户的openid，即用户的唯一标识符，如图7-1所示。利用openid，云开发数据库就能实现对5.3.1节提到的“所有用户可读，仅创建者可读写”“仅创建者可读写”等数据权限的控制。我们会在后面的章节进一步探讨云开发数据库的数据权限。

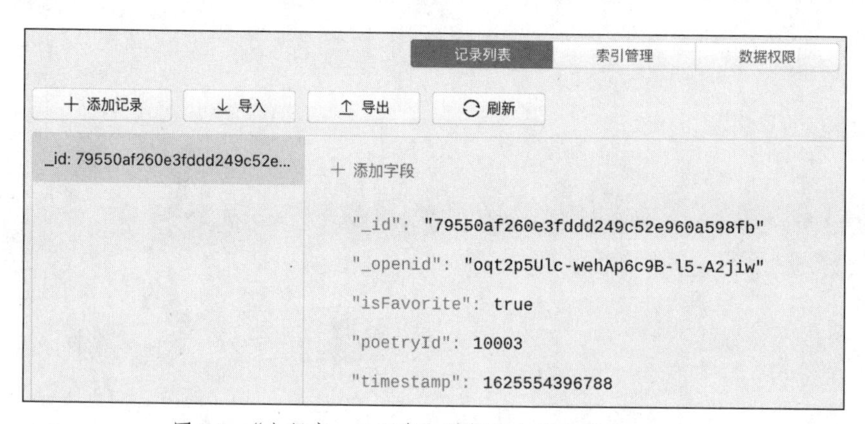

图7-1 “小程序·云开发”数据库自动生成的openid

对于没有身份验证需求，以及明确了身份验证机制的软件，我们建议将核心业务作为开发的切入点。以 DPM 小程序为例，其核心业务是对诗词的搜索、阅览以及收藏。因此，我们应该将对诗词数据的管理作为切入点来开启 DPM 小程序的编码开发工作。

根据“服务-页面-渲染”三层架构，诗词数据的管理工作与渲染层并不直接相关，因此属于服务逻辑层。后面我们将探讨如何设计、实现以及测试诗词数据管理服务。

我们将诗词数据的管理服务命名为“诗词存储服务”（poetryStorage）。采用这一命名并不是有什么特殊的理由，而是遵循“将以访问数据库为主的数据管理服务命名为 Storage”这一约定。这一约定在部分技术社区中流行，但其本身并不是一个必须遵守的黄金法则。我们也可以将其命名为“诗词管理服务”（poetryManagementService）。不过，相比于 poetryManagementService，poetryStorage 显然更加简洁。因此我们采用了 poetryStorage 这一命名。

7.2 诗词存储服务的设计

7.2.1 获取给定的诗词

在编写诗词存储服务代码之前，我们首先需要确定诗词存储服务需要提供哪些功能。为此，我们需要用到第 3 章做出的 DPM 小程序的原型设计，如图 7-2 所示[1]。

图 7-2 DPM 小程序的诗词详情页

通过原型设计可以发现，与诗词存储服务最为直接相关的页面，是诗词详情页。在诗词详情页上，需要显示出诗词的详细信息。这意味着我们需要从“小程序 · 云开发”数据库的诗词集合中获取给定的诗词记录。

如图 7-3 所示，在 poetry 集合中，我们使用 id 属性来区分不同的诗词。id 属性来自 poetry.csv 文件，是每一首诗词的唯一 id。需要注意的是，在 poetry 集合中还存在一个“_id”属性。_id 属性是“小程序 · 云开发”数据库为每一条记录自动生成的唯一 id。这里，我们使用 id 属性来区分不同的诗词。

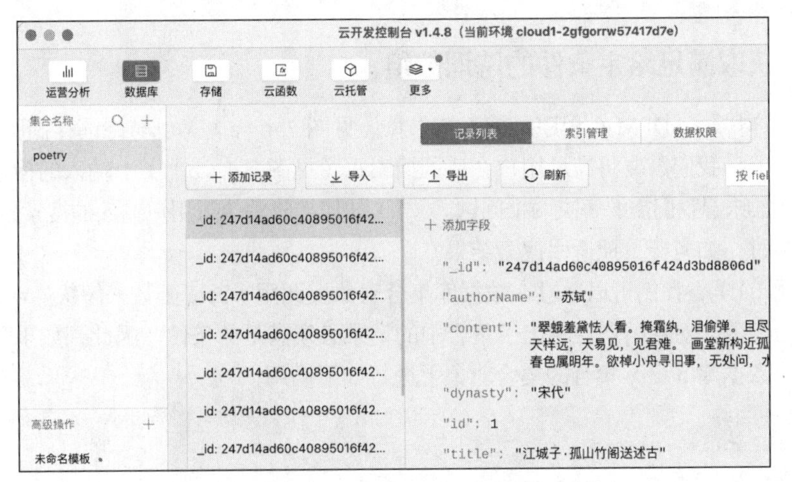

图 7-3 “小程序 · 云开发”数据库 poetry 集合

1 为了最佳的呈现效果，这里直接使用 DPM 小程序的运行截图来代替原型设计。

基于 id 属性，我们可以设计用于获取给定诗词记录的函数。为此，我们使用“小程序 · 云开发”模板创建项目 DPM，并创建/miniprogram/services/poetryStorage.js 文件：

```
// poetryStorage.js
// 诗词存储。
var poetryStorage = {
  // 获取给定的诗词。
  // poetryId: 诗词 id，整数类型。
  // callback: 回调函数，接收 poetry 集合中的一条记录作为参数。
  getPoetryAsync: function (poetryId, callback) {
    throw 'Not implemented';
  }
};
```

getPoetryAsync 函数用于从 poetry 集合中获取具有给定 id 的诗词记录，其接收如下参数。

（1）poetryId：整数类型，诗词的唯一 id。

（2）callback：回调函数，其需要接收从 poetry 集合中返回的记录作为参数。

设计 callback 回调函数参数的理由，我们在 5.3.2 节，以及 6.2.2 节中已经介绍过了，这里就不赘述了。

值得注意的一点是，目前我们只是设计了 getPoetryAsync 函数，并没有真的实现它。因此，我们在 getPoetryAsync 函数中抛出一个异常，并提供异常信息“Not implemented”，从而确保不慎调用该函数的开发者能够发现 getPoetryAsync 函数还没有被实现：

```
getPoetryAsync: function (poetryId, callback) {
  throw 'Not implemented';
}
```

要了解如何添加 getPoetryAsync 函数，请访问右侧二维码。

添加 getPoetry-Async 函数

7.2.2 获取满足给定条件的诗词数组

除了诗词详情页，DPM 小程序的搜索结果页（见图 7-4（a））也与诗词存储服务直接相关。在搜索结果页上，我们需要将满足用户在诗词搜索页（见图 7-4（b））上输入的搜索条件的诗词显示出来。这意味着我们需要解决两个问题。（1）如何接收并执行用户输入的搜索条件？（2）当搜索结果过多时，如何分页地返回搜索结果？

对于问题（1），我们可以通过在数据库集合对象上调用 where 函数来解决。where 函数接收一个对象作为参数。对象的属性给出了集合中的记录必须满足的条件。因此，如果我们在“小程序 · 云开发”数据库 poetry 集合的集合对象上进行如下调用：

```
// Fake codes
poetryCollection.where({
  authorName: '苏轼'
}).get({
  success: function (result) {
    ...
```

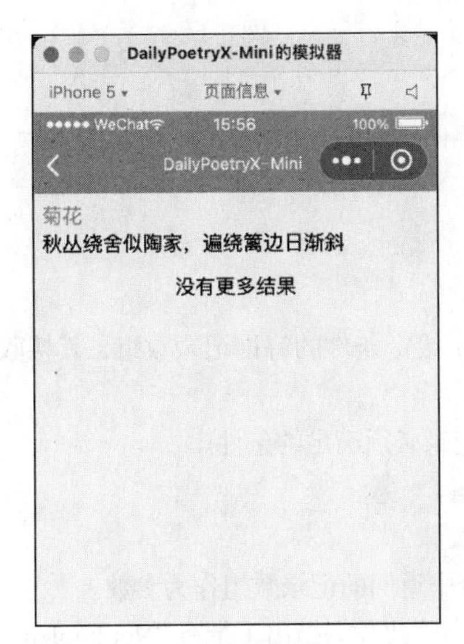

（a）搜索结果页

（b）诗词搜索页

图 7-4　DPM 小程序的搜索结果页

则我们将获得集合中所有 authorName 属性为“苏轼”的记录。

对于上述问题（2），我们可以通过在数据库集合对象上调用 skip 函数与 limit 函数来解决[1]。skip 函数接收一个整数作为参数，其效果是当我们调用 get 函数时，会先跳过参数指定数量的记录，再从剩余的记录中返回结果。limit 函数也接收一个整数作为参数，其效果是当我们调用 get 函数时，会返回参数指定数量的记录。不过，由于腾讯公司的限制，“小程序 • 云开发”数据库一次最多为微信小程序返回 20 条记录。因此即便我们为 limit 函数指定了大于 20 的参数值，“小程序 • 云开发”数据库也只会返回 20 条记录。

如果我们在“小程序 • 云开发”数据库 poetry 集合的集合对象上进行如下调用：

```
// Fake codes
poetryCollection.skip(3).limit(10).get({
  success: function (result) {
    ...
```

则会跳过 poetry 集合中的前 3 条记录，即跳过以下记录。

（1）江城子 • 孤山竹阁送述古；

（2）如梦令 • 正是辘轳金井；

（3）江上看山。

并从“沁园春 • 送翁宾旸游鄂渚”开始返回 10 条记录。

结合上述对问题（1）和问题（2）的分析，我们设计出用于获取满足给定条件的诗词数组的函数：

```
var poetryStorage = {
  ...
  getPoetryAsync: function (poetryId, callback) {
    throw 'Not implemented';
  },

  // 获取满足给定条件的诗词数组。
```

1 我们曾在第 5 章的“动手做”环节里接触过 skip 与 limit 函数。

```
  // where: 搜索条件，对象类型。
  // skip: 跳过记录的数量，整数类型。
  // take: 返回记录的数量，整数类型。
  // callback: 回调函数，接收 poetry 集合中的记录数组作为参数。
  getPoetriesAsync:
    function (where, skip, take, callback) {
    throw 'Not implemented';
  },
};
```

getPoetriesAsync 函数用于从 poetry 集合中获取满足给定条件的诗词记录数组，其接收如下参数。

（1）where：对象类型，其属性为 poetry 集合中的记录必须满足的条件。

（2）skip：整数类型，其值为需要跳过的记录的数量。

（3）take：整数类型，其值为需要返回的记录的数量。

（4）callback：回调函数，其需要接收从 poetry 集合中返回的记录数组作为参数。

再一次地，由于我们没有实现 getPoetriesAsync 函数，因此我们抛出了带有“Not implemented”信息的异常。

除了诗词详情页和搜索结果页之外，DPM 小程序中的其他页面与诗词存储服务之间不存在直接的关联，我们暂时也就不需要再向诗词存储服务中添加其他的函数了。

要了解如何添加 getPoetriesAsync 函数，请访问右侧二维码。

添加 getPoetries-Async 函数

服务逻辑层服务的设计方法，可以总结为以下 4 个步骤：

（1）依据原型设计，确定服务的大体功能，如用于管理诗词数据的诗词存储服务；

（2）从原型设计中找出与待设计服务直接相关的部分；

（3）针对步骤（2）的每一个部分，确定待设计服务需要提供的具体功能；

（4）将步骤（3）确定的功能转化为具体的函数或属性设计。

7.3 诗词存储服务的实现

7.3.1 引入数据库服务

在完成了设计工作之后，我们来实现诗词存储服务。诗词存储服务需要访问“小程序 · 云开发”数据库。这意味着诗词存储服务至少需要进行如下操作：

（1）初始化“小程序 · 云开发”；

（2）获得“小程序 · 云开发”数据库对象；

（3）获得“小程序 · 云开发”数据库 poetry 集合对象；

（4）在 poetry 集合对象上进行数据查询操作。

上述操作（3）和操作（4）与“小程序·云开发”数据库的 poetry 集合直接相关，因此应该由诗词存储服务负责完成。操作（1）和操作（2）则主要涉及对数据库的操作，与诗词存储服务并不直接相关。并且，任何需要访问数据库的服务（例如我们在 17.1 节需要完成的收藏存储服务）都需要完成操作（1）和操作（2）。因此，我们有必要将操作（1）和操作（2）独立出来，并交由专门的服务完成。为此，我们在 services 文件夹下创建 dbService.js 文件，形成数据库服务：

```
// dbService.js
wx.cloud.init();

// 数据库服务。
module.exports = { db: wx.cloud.database() };
```

在 6.2.2 节，我们也曾创建过相同的数据库服务。当时仅仅是为了将“小程序·云开发”的初始化，以及获得“小程序·云开发”数据库对象的工作独立出来。现在，数据库服务还承担着“复用代码”的工作。在未来开发其他服务时，我们会再次使用到数据库服务，从而简化后续的开发过程。

创建数据库服务之后，我们还需要在诗词存储服务中引用数据库服务。为此，我们在诗词存储服务中创建一个变量_dbService：

```
// poetryStorage.js
// 诗词存储。
var poetryStorage = {
  // 数据库服务。
  _dbService: require("dbService.js"),
  ...
```

此后，我们就可以利用_dbService.db 属性获得“小程序·云开发”数据库对象了。

要了解如何添加数据库服务，请访问右侧二维码。

添加数据库服务

7.3.2 实现获取满足给定条件的诗词数组

要了解如何实现 getPoetriesAsync 函数，请访问右侧二维码。

实现 getPoetries-Async 函数

我们首先从比较简单的 getPoetriesAsync 函数开始实现：

```
getPoetriesAsync: function (where, skip, take, callback) {
  ...
```

getPoetriesAsync 函数的参数已经包含查询数据库集合中的记录时所需要的全部信息，包括记录需要满足的条件（即 where 参数）、需要跳过的记录的数量（即 skip 参数），以及需要返回的记录的数量（即 take 参数）。现在，我们只需要利用这些参数调用数据库集合对象的对应函数就可以了。为此，我们首先需要准备数据库集合对象：

```
// 诗词存储。
var poetryStorage = {
  ...
};

// poetry 集合对象。
poetryStorage.poetryCollection =
  poetryStorage._dbService.db.collection("poetry");
```

利用数据库集合对象，我们就可以实现 getPoetriesAsync 函数了：

```
getPoetriesAsync: function (where, skip, take, callback) {
  this.poetryCollection.where(where).skip(skip).limit(take)
    .get({
      success: function (result) {
        callback(result.data)
      }
    });
},
```

7.3.3 实现获取给定的诗词

要了解如何实现 getPoetryAsync 函数，请访问右侧二维码。

实现 getPoetry-Async 函数

接下来我们来实现 getPoetryAsync 函数：

```
getPoetryAsync: function (poetryId, callback) {
  ...
```

getPoetryAsync 函数需要从数据库集合中返回 id 为 poetryId 的记录。这相当于我们指定如下的查询条件：

```
// Fake codes
{
  id: poetryId
}
```

另外，每一个 id 只可能对应一条诗词记录，因此我们可以限制只返回一条记录：

```
// Fake codes
poetryCollection.limit(1)
```

结合上述分析，我们可以实现 getPoetryAsync 函数：

```
// poetryStorage.js
getPoetryAsync: function (poetryId, callback) {
  this.poetryCollection
    .where({
      id: poetryId
    }).limit(1).get({
```

```
        success: function (result) {
          if (result.data.length > 0) {
            callback(result.data[0]);
          } else {
            callback(null);
          }
        }
      });
    },
```

这里，我们对 result.data.length 属性，即返回结果的数量进行了判断。如果返回结果的数量大于零，则表示数据库集合中存在 id 为 poetryId 的诗词记录。由于我们限制只返回一条记录，因此 result.data 数组中的第 0 条记录就是 id 为 poetryId 的诗词记录。如果返回结果的数量小于等于零[1]，则代表 poetry 集合中不存在 id 为 poetryId 的诗词记录。此时，我们需要返回 null，以便将“不存在 id 为 poetryId 的诗词记录”这一事实告知回调函数 callback。

至此，我们就完成了诗词存储服务的全部函数的编写。最后，我们需要设置 module.exports 属性，以便其他 JS 文件能够包含诗词存储服务：

```
poetryStorage.poetryCollection =
  poetryStorage._dbService.db.collection("poetry");

module.exports = poetryStorage;
```

7.4 诗词存储服务的测试

要了解如何测试诗词存储服务，请访问右侧二维码。

测试诗词存储服务

完成了诗词存储服务的开发之后，我们需要对其进行测试。为此，我们需要手动建立一些页面，调用诗词存储服务的函数，并检查结果是否正确。我们在 miniprogram 文件夹下创建 testPages 文件夹，并在 testPages 文件夹中创建 poetryStorageTest 文件夹，再在 poetryStorageTest 文件夹中创建 poetryStorageTest 页面，并将 poetryStorageTest 页面设置为微信小程序的首页：

```
// app.json
"pages": [
  "testPages/poetryStorageTest/poetryStorageTest",
  ...
```

我们首先测试 getPoetryAsync 函数。为此，我们需要创建一个 button 组件并编写相应的函数：

```
<!-- poetryStorageTest.wxml -->
<button bindtap="getPoetryAsync_bindtap">
  getPoetryAsync
</button>

// poetryStorageTest.js
```

1 事实上，返回结果的数量是不可能小于零的。因此“返回结果的数量小于等于零”这一判断条件，就等价于“返回结果的数量等于零”。

```
getPoetryAsync_bindtap: function () {
  poetryStorage.getPoetryAsync(1, function (result) {
    console.log(result);
  });
},
```

单击“getPoetryAsync”按钮后，会在“Console”中输出 id 为 1 的词，如图 7-5 所示。

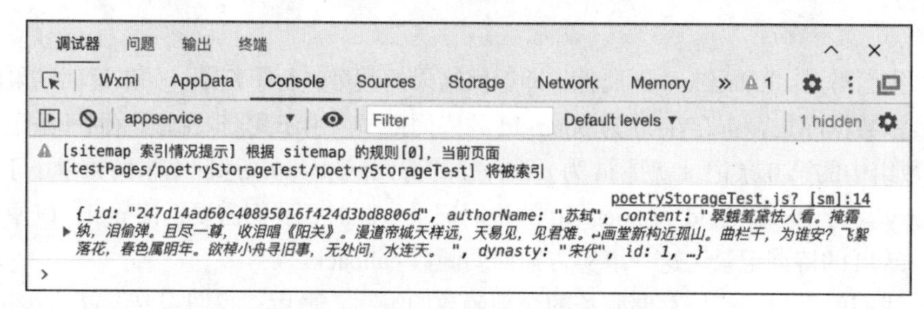

图 7-5 getPoetryAsync 函数的测试结果

接下来，我们测试 getPoetriesAsync 函数：

```
<!-- poetryStorageTest.wxml -->
<button bindtap="getPoetriesAsync_bindtap">
  getPoetriesAsync
</button>

// poetryStorageTest.js
getPoetriesAsync_bindtap: function () {
  poetryStorage.getPoetriesAsync({
    authorName: '苏轼'
  }, 0, 5, function (results) {
    console.log(results);
  });
},
```

在上面的代码中，我们要求 getPoetriesAsync 返回 authorName 属性的值为“苏轼”的诗词记录，并且最多返回 5 条记录。单击“getPoetriesAsync”按钮后，可以看到“Console”中一共输出了 3 条记录，如图 7-6 所示。这是由于 poetry 集合中只有 3 条记录的 authorName 属性的值为“苏轼”。

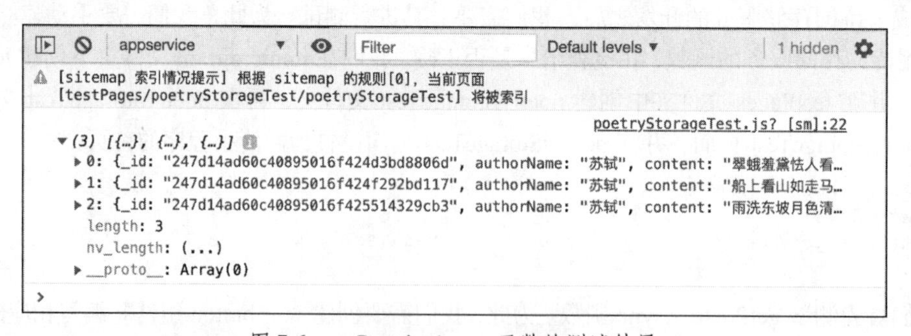

图 7-6 getPoetriesAsync 函数的测试结果

这样一来，我们就完成了诗词存储服务的测试工作。

7.5 动手做

（1）“小程序・云开发”数据库可以使用一种“Promise”方式访问。请参考微信官方文档，探索一下如何使用 Promise 方式访问“小程序 •云开发”数据库，并尝试使用该方法重新实现 5.3.2 节的 dbPage 页面。

要了解如何使用 Promise 方式访问“小程序 • 云开发”数据库，请访问微信官方文档。

（2）请参阅下面的文档，结合自己搜索到的资源，探索一下如何创建一个 Promise。尝试调用这个 Promise，并在 Promise 的 then 函数中向“Console”输出“Hello World!”。

要了解如何创建 Promise，请访问 MDN Web Docs。

（3）结合问题（1）与问题（2），向诗词存储服务中添加一个新的函数 getPoetryPromise，使诗词存储服务支持以 Promise 方式获取给定的诗词。

7.6 迈出小圈子

（1）请你分析使用 Promise 方式与使用回调函数方式进行异步调用的区别与联系，并尝试使用回调函数来实现一套属于你自己的 Promise 机制。

（2）很多开发平台都支持使用“单元测试”技术来测试代码。请选择一个支持单元测试的开发平台，如 C#或 Java，探索一下如何在该平台下进行单元测试，并进行一次单元测试实操练习。

（3）截至本书定稿时，腾讯公司只为微信小程序的自定义组件提供了单元测试功能。请尝试创建一个简单的自定义组件，并对其开展简单的单元测试。

第8章 微信小程序的页面逻辑层与渲染层实现

在第 7 章，我们设计、实现并测试了诗词存储服务。利用诗词存储服务，我们就可以实现对诗词数据的查询和访问了。在本章中，我们会将诗词存储服务利用起来，并实现最为简单的一个页面：搜索结果页。我们将学习如何在搜索结果页的页面逻辑层中调用诗词存储服务查询诗词，并学习如何实现一种常见的效果：无限滚动。我们还会探讨重置搜索结果的策略，以及在何时触发这一策略。最后，我们会实现搜索结果页的渲染层，并测试搜索结果页。在此过程中，我们将学会如何利用服务逻辑层实现页面逻辑层，进而完成页面的开发。

8.1 搜索结果页的逻辑层实现

8.1.1 基础逻辑实现

要了解如何实现搜索结果页的基础逻辑，请访问右侧二维码。

搜索结果页的基础逻辑

首先，我们创建搜索结果页。我们在 pages 文件夹下创建 result 文件夹，在 result 文件夹中创建 result 页面，并将 result 页面设置为微信小程序的首页：

```
// app.json
"pages": [
  "pages/result/result",
  ...
```

准备一个 resultPage 变量，并在 onLoad 函数中将 this 的值赋给 resultPage 变量，以便在回调函数中利用 resultPage 变量调用页面的 setData 等函数：

```
// result.js
// 搜索结果页。
var resultPage = null;
```

```
Page({
  ...
  onLoad: function (options) {
    resultPage = this;
  }
  ...
```

接下来，我们包含诗词存储服务：

```
var resultPage = null;

// 诗词存储。
var poetryStorage =
  require('../../services/poetryStorage.js');
```

完成上述工作之后，我们来简单测试一下，以便排除潜在的问题。我们在 onLoad 函数中尝试查询 authorName 属性的值为"苏轼"的记录：

```
onLoad: function (options) {
  resultPage = this;

  var poetries = poetryStorage.getPoetriesAsync({
    authorName: '苏轼'
  }, 0, 10, function (results) {
    console.log(results);
  });
},
```

由于搜索结果页已经被设置为微信小程序的首页，并且 onLoad 函数会在页面加载时自动执行，因此如果编译并运行上述代码，"Console"中会出现图 8-1 所示的内容。

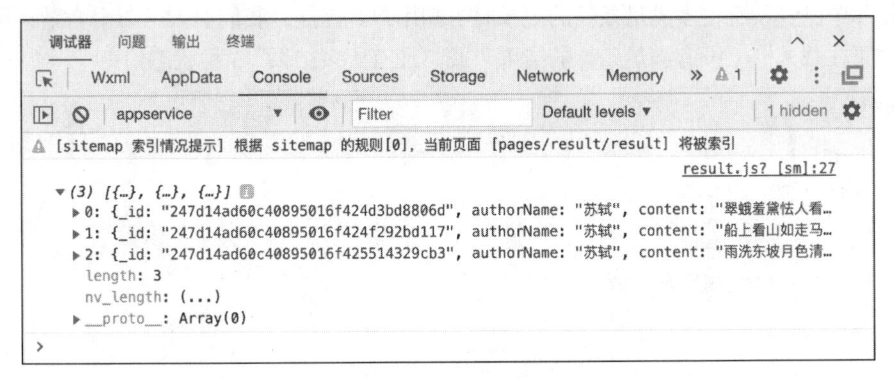

图 8-1　搜索结果页的运行效果

现在，我们已经在搜索结果页上实现了非常基本的查询结果显示功能。以此为基础，我们将要探索更符合实际需求的查询结果显示方法。

8.1.2　无限滚动与 onReachBottom

要了解无限滚动的实现方法，请访问右侧二维码。

无限滚动的实现

无限滚动是一种常见的加载数据的方法。其基本工作方式是：当用户将页面滚动到底端时，自动加载并显示新的一批数据。无限滚动在新闻、问答、社区等以信息为核心的应用中十分常见。在本节中，我们就来学习如何在微信小程序中实现无限滚动。

我们要实现的效果是：当用户打开搜索结果页时，首先显示最多 20 条查询结果。当用户将页面滚动到最底端，并且数据库中还有更多满足查询条件的记录时，就在已经显示出的查询结果的后面再显示最多 20 条查询结果。我们使用 loadMore 函数来实现上述功能：

```
Page({
  ...
  loadMore: function () {
    ...
```

首先，只有在数据库中还有更多满足查询条件的记录时，我们才继续载入新的查询结果。我们假设 this._canLoadMore 变量给出了数据库中是否还有更多满足查询条件的记录。如果数据库中没有更多满足查询条件的记录，loadMore 函数就不必继续执行了。我们稍后会介绍为什么 this._canLoadMore 变量能够给出数据库中是否还有更多满足查询条件的记录。

```
loadMore: function () {
  if (!this._canLoadMore) return;
  ...
```

如果 loadMore 函数继续执行了，则代表数据库中还有更多满足查询条件的记录。此时，我们需要从数据库中获取最多 20 条查询结果。由于从数据库中获取记录需要消耗一定的时间，为了给用户提供优质的体验，我们有必要告诉用户小程序正在载入新的查询结果。事实上，除了告诉用户小程序正在载入新的查询结果，我们还需要在数据库中根本不存在任何满足查询条件的记录，以及数据库中已经没有更多满足条件的记录时告知用户。因此，我们引入了 3 个变量，用来向用户提示“正在载入”“没有满足条件的结果”或“没有更多结果”3 种状态信息：

```
Page({
  ...
  // 正在载入。
  Loading: "正在载入",

  // 没有满足条件的结果。
  NoResult: "没有满足条件的结果",

  // 没有更多结果。
  NoMoreResult: "没有更多结果",
  ...
```

利用上述新引入的变量，小程序就可以向用户提示“正在载入”状态信息了。为了方便调试，我们还将状态信息输出到“Console”中：

```
loadMore: function () {
  if (!this._canLoadMore) return;
  this.setData({
    status: this.Loading
  });
  console.log(this.data.status);
  ...
```

接下来，我们就可以利用诗词存储服务从数据库中取出下一批满足查询条件的记录了。为此，我们需要调用诗词存储服务的 getPoetriesAsync 函数，并传递查询条件（where）、需要跳过的记录的数量（skip），需要返回的记录的数量（take），以及回调函数（callback），总计4个参数。

由于无限滚动功能每次需要载入的是下一批满足查询条件的记录，因此需要跳过的记录的数量，就是已经载入的记录的数量。如果我们使用 this.data.poetries 变量存储已经载入的记录，那么需要跳过的记录的数量就是 this.data.poetries.length。

对于需要返回的记录的数量，我们使用一个专门的变量 this.PageSize 来存储。它的值被设置为 20：

```
Page({
  ...
  // 一页显示的诗词数量。
  PageSize: 20,
  ...
```

最后，我们假设查询条件保存在 this._where 变量中。这样一来，我们就可以调用 getPoetriesAsync 函数了：

```
loadMore: function () {
  ...
  console.log(this.data.status);

  poetryStorage.getPoetriesAsync(this._where,
    this.data.poetries.length, this.PageSize,
    function (poetries) {
      ...
```

回调函数的 poetries 参数中保存数据库返回的记录。如果 poetries.length 属性的值不为零，则代表数据库确实返回了记录。此时，我们需要将本次返回的记录拼接到 resultPage.data.poetries 变量后面：

```
...
function (poetries) {
  if (poetries.length != 0) {
    resultPage.setData({
      poetries: resultPage.data.poetries.concat(poetries)
    });
    console.log(resultPage.data.poetries);
  }
  ...
```

数组对象的 concat 函数接收另一个数组作为参数，其返回值是由两个数组拼接得到的一个新的数组。我们将这个新的数组赋值给 resultPage.data.poetries，从而实现将本次返回的记录拼接到 resultPage.data.poetries 变量后面的效果。为了方便调试，我们将拼接后的结果输出到"Console"中。

接下来我们需要处理一些特殊情况。如果数据库返回的记录不足 20 条，则代表数据库不能返回更多的记录了。此时，我们可以将 resultPage._canLoadMore 设置为 false，从而避免 loadMore 函数再次向数据库请求记录：

```
function (poetries) {
  ...

  if (poetries.length < resultPage.PageSize) {
    resultPage._canLoadMore = false;
    ...
```

在数据库返回的记录不足 20 条时，我们首先关注一种特殊的情况，即数据库返回的记录数为零，并且 resultPage.data.poetries 变量中记录的数量也为零的情况。这种情况意味着数据库中根本不存在满足搜索条件的记录。因此，我们需要向用户提示“没有满足条件的结果”：

```
function (poetries) {
  ...
  if (poetries.length < resultPage.PageSize) {
    ...
    if (resultPage.data.poetries.length == 0 &&
      poetries.length == 0) {
      resultPage.setData({
        status: resultPage.NoResult
      });
      console.log(resultPage.data.status);
    ...
```

如果不满足上述条件，即数据库返回的记录数不为零，或者 resultPage.data.poetries 变量中记录的数量不为零，则代表数据库已经将所有满足条件的记录都返回了。因此，我们需要向用户提示“没有更多结果”：

```
function (poetries) {
  ...
    if (resultPage.data.poetries.length == 0 &&
      poetries.length == 0) {
      ...
    } else {
      resultPage.setData({
        status: resultPage.NoMoreResult
      });
      console.log(resultPage.data.status);
    }
```

最后，我们关注数据库恰好返回了 20 条记录的情况。此时，我们无法判断数据库还能不能返回更多的记录，因此我们不能将_canLoadMore 变量设置为 false，同时也不能向用户提示任何信息。因此，我们将 status 变量的值设置为空字符串，从而确保不向用户提供任何提示信息：

```
function (poetries) {
  ...
  if (poetries.length < resultPage.PageSize) {
    ...
  } else {
    resultPage.setData({
      status: ""
    });
    console.log(resultPage.data.status);
  }
```

上述代码逻辑可以总结如下。

（1）如果数据库返回的记录数不为零，则将记录拼接到已有记录的后面。

（2）如果数据库返回的记录数不足一页，则数据库未来将无法提供更多的记录。

① 如果数据库返回的记录数为零，并且已有的记录数也为零，则没有任何满足搜索条件的记录。

② 如果不满足上述条件，即数据库返回的记录数不为零，或已有的记录数不为零，则单纯代表数据库未来将无法提供更多的记录。

（3）如果不满足上述条件，即数据库返回的记录数达到了一整页，则无法判断数据库未来还能否提供更多的记录。

上述代码逻辑是一段非常典型的用于无限滚动的数据加载逻辑。无论在微信小程序还是在其他开发平台中，这段逻辑都可以正常地发挥作用。不过，为了让上述逻辑正常工作，我们还需要为 this._where 以及 this._canLoadMore 变量设置初始值，并调用 loadMore 函数。我们在 onLoad 函数中执行这些操作。需要注意的是，我们需要删除 8.1.1 节中添加的用于查询 authorName 属性的值为“苏轼”的记录的相关代码，并暂时将_where 变量的值设置为{}：

```
onLoad: function (options) {
  resultPage = this;

  var poetries = poetryStorage.getPoetriesAsync({
    authorName: '苏轼'
  }, 0, 10, function (results) {
    console.log(results);
  });

  this._where = {};
  this._canLoadMore = true;
  this.loadMore();
},
```

编译并执行代码，“Console”中将输出图 8-2 所示的内容。

```
正在载入                                                     result.js? [sm]:56
                                                             result.js? [sm]:65
▸ (20) [{…}, {…}, {…}, {…}, {…}, {…}, {…}, {…}, {…}, {…}, {…}, {…}, {…}, {…}, {…}, {…},
  {…}, {…}, {…}, {…}]
                                                             result.js? [sm]:87
```

图 8-2 “Console”中输出的内容

图 8-2 中第一行的“正在载入”是由 loadMore 函数的第一个 console.log 函数输出的：

```
console.log(this.data.status);
```

此时，由于 this.data 变量的值为 this.Loading，因此输出的内容是“正在载入”。

图 8-2 中第二行的内容是由回调函数的第一个 console.log 函数输出的：

```
console.log(resultPage.data.poetries);
```

由于数据库会返回 20 条记录，因此“Console”中输出了 20 条记录。

图 8-2 中第三行的内容是由回调函数中的最后一个 console.log 函数输出的：

```
console.log(resultPage.data.status);
```

此时，由于数据库还能返回更多的结果，因此 resultPage.data 变量的值是空字符串，输出的内容也就是一行空白。

如果上述内容都能够正常输出，就代表 loadMore 函数能够正常地工作了。此时，我们只需要在用户将页面滚动到最底端时再次调用 loadMore 函数，就可以实现无限滚动了。为此，我们在 onReachBottom 函数中调用 loadMore 函数：

```
onReachBottom: function () {
  this.loadMore();
},
```

微信小程序会在用户将页面滚动到最底端时自动调用 onReachBottom 函数，并调用 loadMore 函数，从而实现无限滚动。由于我们还没有编写完成搜索结果页的 WXML 文件，导致搜索结果页从一开始就已经位于页面的最底端了，因此微信小程序也就不会调用 onReachBottom 函数。我们需要在编写完成搜索结果页的 WXML 文件后再来测试无限滚动。

8.2 搜索结果页的渲染层实现

要了解如何实现搜索结果页的渲染层，请访问右侧二维码。

实现搜索结果页的渲染层

在实现了搜索结果页的逻辑层之后，我们来实现搜索结果页的渲染层。由于我们需要将满足搜索条件的诗词数组渲染出来，因此要使用 4.1 节介绍的列表渲染技术：

```
<!-- result.wxml -->
<view wx:for="{{ poetries }}"
  wx:for-index="poetryIndex"
  class="poetry"
  data-poetryIndex="{{ poetryIndex }}">
    <view class="poetryName">
      {{ poetries[poetryIndex].title }}
    </view>
    <view class="poetryContent">
      {{ poetries[poetryIndex].content }}
    </view>
</view>
```

在上面的代码中，我们使用 poetryIndex 作为索引变量来区分不同的诗词，并将诗词的标题和正文渲染到 view 组件中。除了搜索结果，我们还需要将状态信息显示给用户：

```
<view wx:for="{{ poetries }}"
  ...
</view>
<view class="status">
  {{ status }}
</view>
```

这样我们就能够得到搜索结果页的初步渲染结果，如图 8-3 所示。不过，这样的渲染结果显然无法带来良好的用户体验。为此，我们还需要使用 WXSS 来设置样式，为标题、正文以及状态信息之间添加一些间隔，将状态信息居中显示，并将标题设置为突出色。

图 8-3 搜索结果页的初步渲染结果

```
/* result.wxss */
.poetry, .status {
  padding: 16rpx;
}

.status {
  text-align: center;
}

.poetryName {
  color: #3498DB;
}
```

另一方面，在搜索结果页中，我们事实上并不希望将搜索结果的正文全部呈现给用户，而是希望用户能够快速地预览搜索结果的正文。因此，我们希望实现的是类似图 8-4 所示的效果。

如梦令·正是辘轳金井
正是辘轳金井，满砌落花红冷。蓦地一相...

图 8-4　期望的正文预览效果

为此，我们需要使用如下的 WXSS 代码来自动为过长的正文添加省略号：

```
.poetryContent {
  display: -webkit-box;
  text-overflow: ellipsis;
  overflow: hidden;
  -webkit-box-orient: vertical;
  -webkit-line-clamp: 1;
}
```

这里，-webkit-line-clamp 属性的值用于控制预览的行数。添加了上述 WXSS 代码之后，我们就能得到一个满意的搜索结果页了，如图 8-5 所示。

图 8-5　搜索结果页的渲染效果

8.3 搜索结果页的测试

我们来测试搜索结果页。在编译并运行之后，我们连续地将搜索结果页滚动到最底端，直到没有新的记录显示为止。在这一过程中，“Console”中会输出图 8-6 所示的内容。

```
⚠ [sitemap 索引情况提示] 根据 sitemap 的规则[0]，当前页面 [pages/result/result] 将被索引
正在载入                                                          result.js? [sm]:56
⚠ [WXML Runtime warning] ./pages/result/result.wxml
 Now you can provide attr `wx:key` for a `wx:for` to improve performance.
   1 | <!--miniprogram/pages/result/result.wxml-->
 > 2 | <view wx:for="{{ poetries }}" wx:for-index="poetryIndex" class="poetry" data-
poetryIndex="{{ poetryIndex }}">
     |  ^
   3 |   <view class="poetryName">{{ poetries[poetryIndex].title }}</view>
   4 |   <view class="poetryContent">{{ poetries[poetryIndex].content }}</view>
   5 | </view>
                                                                  result.js? [sm]:65
 ▸(20) [{…}, {…}, {…}, {…}, {…}, {…}, {…}, {…}, {…}, {…}, {…}, {…}, {…}, {…}, {…},
  {…}, {…}, {…}, {…}, {…}]
                                                                  result.js? [sm]:87
正在载入                                                          result.js? [sm]:56
                                                                  result.js? [sm]:65
 ▸(30) [{…}, {…}, {…}, {…}, {…}, {…}, {…}, {…}, {…}, {…}, {…}, {…}, {…}, {…}, {…},
  {…}, {…}, {…}, {…}, {…}, {…}, {…}, {…}, {…}, {…}, {…}, {…}, {…}, {…}, {…}]
没有更多结果                                                      result.js? [sm]:81
```

图 8-6 “Console”中输出的调试信息

图 8-6 中一共输出了两条“正在载入”信息。这是由于数据库中一共保存了 30 条记录，并且搜索结果页目前的查询条件是{}，即任意记录都满足该查询条件。在第一次输出“正在载入”信息之后，数据库返回了 20 条记录。在第二次输出“正在载入”信息之后，数据库返回了剩余的 10 条记录。此时，由于返回的记录数量不足 20 条，搜索结果页判断数据库无法返回更多满足查询条件的记录。这一判断的结果是，搜索结果页会在“Console”中输出“没有更多结果”，并且不会再次向数据库请求记录。

图 8-6 还给出了搜索结果的变化情况。在第一次向数据库请求记录之后，我们一共获得了 20 条记录。在第二次向数据库请求记录之后，我们又得到了 10 条记录。因此，我们总计获得了 30 条记录。

在所有的记录全部显示出来之后，搜索结果页的最底端会提示“没有更多结果”，如图 8-7 所示。

临江仙·寒柳
飞絮飞花何处是，层冰积雪摧残，疏疏一...
代别情人
清水本不动，桃花发岸傍。 桃花弄水色...
没有更多结果

图 8-7 搜索结果页最底端提示“没有更多结果”

8.4 动手做

（1）除了无限滚动之外，还有一种常用的加载数据的方法叫“下拉刷新”。请你尝试如何使用下拉刷新从数据库中载入 20 条记录。

（2）onLoad、onShow 以及 onReady 这 3 个函数有什么区别？请结合代码的执行效果解释它们各自的执行时机。

（3）在导航到一个页面之后，如果希望在用户单击返回按钮时记录下用户在页面上停留的时间，则应该在哪个函数中执行记录时间的操作？

8.5 迈出小圈子

（1）无限滚动在不同开发平台下的实现方法千差万别。请选择一个基于 JavaScript 的开发平台，以及一个原生的开发平台，研究如何在这两个平台下实现无限滚动，并对比它们所采用的方法与微信小程序所采用的方法有什么区别。

（2）通用 Windows 平台（universal windows platform，UWP）使用 Deferral 机制来实现下拉刷新。请结合微软公司的官方文档，研究如何在 UWP 平台下实现下拉刷新。

（3）你是否已经搞清楚了 onLoad 与 onShow 函数的执行时机？并非所有的开发平台都支持类似微信小程序的 onLoad 函数。跨平台开发框架 Xamarin.Forms 就只通过 Appearing 事件为页面提供了类似微信小程序的 onShow 函数的功能，却没有提供类似 onLoad 函数的事件。现在假设微信小程序没有提供 onLoad 函数，那么我们应该如何使用 onShow 函数实现类似 onLoad 函数的效果？

第9章 多人协同开发的编码规范

在学校学习的过程中，你很可能有过这样的经历：老师要求同学们以团队为单位完成一项开发任务，于是大家简单划分了工作，就各自开始编写代码了。等到截止日期临近，需要整合大家的工作结果时，才发现团队中的每一个人都采用了不一样的方法来命名变量，以及不一样的方式来排版代码，并且使用了不同的风格来撰写注释。这通常会给团队成员互相阅读代码带来极大的麻烦。

多人协同开发需要解决的第一个问题是确定共同的编码规范。编码规范详细地规定了团队成员应该如何命名变量、排版代码以及书写注释。通过严格地遵守编码规范，一个团队编写出来的代码看起来就像是由同一个人编写的一样。这种一致性为多人协同开发带来很多的便利。

需要注意的是，编码规范通常不是唯一的。我们在本章介绍的编码规范衍生自 JavaScript 开发领域知名的技术权威道格拉斯・克罗克福德（Douglas Crockford）建议的编码规范。不过，每个公司通常都会制定属于自己的编码规范。制定编码规范，始终都是为了团队能够更好地协同工作。因此，只要有助于团队保持良好的工作效率，就是一套好的编码规范。

9.1 命名规范

9.1.1 变量的命名规范

我们首先来探讨如何为变量命名。我们建议只使用英文字母、数字以及下画线来为变量命名。你可能觉得这样一条建议是多余的，但事实上 JavaScript 允许我们使用中文来命名变量。下面的代码在微信小程序中可以正常地执行：

```
// index.js
Page({
  onLoad() {
    var 我是一个变量 = 1;
    我是一个变量 += 100;
    console.log(我是一个变量);
  }
})
```

事实上，支持使用中文来命名变量的编程语言不只有 JavaScript，还包括 C#、Java、Kotlin 等一众主流计算机编程语言。这看起来是一件好事，因为使用中文来编写程序似乎降低了编程的门槛，让写程序变得更容易了。不过仔细思考一下就会发现事实可能并非如此：使用中文来命名变量不仅不能带来便利，反而可能带来麻烦。

首先，在编程时使用中文来命名变量会导致我们频繁地在中文输入法和英文输入法之间切换。这会带来一个额外的风险：我们可能会经常将英文的半角分号“;”错误地输入成中文的全角分号“；”，或是将其他半角符号输入为全角符号。这极大地增加了我们写出错误代码的可能。

其次，中文庞大的字符集合增加了我们输入错误变量名的风险。在使用英文和数字命名变量时，我们遇到的错误通常是由于错误的拼写所导致的，如将“main”拼写成“mian”。如果使用中文命名变量，则不仅会遇到拼写错误，还会遇到由同音字导致的错误，如“橘子”和“桔子”；由字形相似导致的错误，如“夏日”和“夏曰”；以及由生僻字导致的录入困难。

再次，很多开发环境都为英文变量名提供了良好的优化。尽管截至本书定稿时，微信开发者工具并没有提供类似的功能，但多数开发环境都支持使用首字母快速地输入变量名。如图 9-1 所示，我们可以通过输入首字母“tiav”来快速地输入“thisIsAVariable”。不过，多数开发环境都没有针对采用中文命名的变量提供类似的支持。

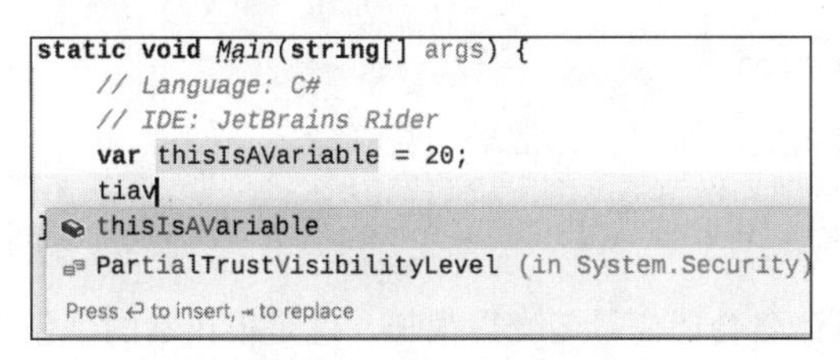

图 9-1 使用首字母快速输入变量名

最后，编程工作真正的挑战并不来自语言，而是来自如何有效地分析问题，形成设计，并灵活地运用技术构建解决方案。使用中文来命名变量只能轻微地缓解我们在使用编程语言时的焦虑感，并不能直接地提升我们解决问题的能力。总的来看，使用中文命名变量所带来的麻烦要远远大于由此带来的收益。

不过，对于中文独有的、难以使用英文翻译的词汇，我们并不建议使用英文来表述。例如，假设我们需要使用一个变量指代“红烧肉”，如果将变量命名为“porkBraisedInBrownSauce”恐怕并没有什么帮助，还会导致无论是中国人还是外国人都没法看懂的结果。这种时候，我们建议使用汉语拼音来命名变量，即将变量命名为“hongshaorou”。不过，汉语并不是拼音文字。人们在阅读汉语拼音时，需要根据拼音猜测对应的汉字，再进一步理解变量的意义。这种猜测不仅耗时，还容易出错。因此我们要尽可能减少汉语拼音的使用，并只在必要时才使用拼音来命名变量。

在多数情况下，我们都应该使用准确且简单的英文单词来为变量命名，如 database、server 等。为了避免混用不同的词汇来表达相同的意思，多人协同开发时，团队内部应该建立统一的术语表，如表 9-1 所示。

表 9-1 术语表的例子

术语	指代	反例
database	数据库，可以是关系数据库、文档数据库等任意类型的数据库	db、data base、base
remote	在开发客户端时，用于指代第一方服务器端	server、service
server	第三方服务器	remote、service

变量的命名要准确地反映变量的功能。在很多时候，单独使用一个英文单词并不能很好地反映变量的功能。此时，我们就需要组合使用多个单词。在组合使用多个单词时，我们建议使用驼峰命名（camelCasing）。这种命名方法以变量名类似于驼峰的形状而得名，如图 9-2 所示。

图 9-2　驼峰命名[1]

在使用驼峰命名时，首个单词的首字母采用小写，此后每个单词的首字母采用大写。在遇到缩写，如 DB、XML、SOAP 时，我们建议采用微软公司推荐的标准，即由两个字母组成的缩写，全部采用大写，如：

```
// Fake codes
var timeoutDBConnection = 1000;
```

而由 3 个及以上字母组成的缩写，正常采用驼峰命名，如：

```
// Fake codes
var timeoutSoapConnection = 1000;
```

使用多个单词为变量命名会让变量名变得很长，这是很正常的现象，但很多人在一开始都无法适应这一现象，而是偏向于使用尽可能简短的变量名。事实上，尽管很多人都知道要避免使用 x、y、z 这类没有意义的变量名，但依然会在循环中使用 i、j、k 作为变量名。对于非常简单的循环来讲，这通常不会导致什么问题：

```
// Fake codes
for (i = 0; i < someArray.length; i++) {
  console.log(someArray[i])
}
```

但对于复杂的嵌套循环，尤其当循环体的代码行数比较多的时候，我们通常会忘记我们已经身处循环之中，从而错误地重复使用 i、j、k 等变量名：

```
// Fake codes
for (i = 0; i < some2DArray.length; i++) {
  for (j = 0; j < some2DArray[i].length; j++) {
    ... // 100 lines of code
    for (i = 0; i < someArray.length; i++) {
      // Oops, misusing variable i
      some2DArray[i][j] += someArray[i];
    }
  }
}
```

过于简单的变量名总是会导致类似上述的问题。因此，为了避免这类问题，我们总是建议使用足够明确的变量名，除非在非常简单的循环体中：

```
// Fake codes
for (rowIndex = 0; rowIndex < some2DArray.length;
  rowIndex++) {
  for (columnIndex = 0; columnIndex <
    some2DArray[rowIndex].length; columnIndex++) {
    ... // 100 lines of code
    for (i = 0; i < someArray.length; i++) {
```

1 图片来自维基媒体。

```
            some2DArray[rowIndex][columnIndex] += someArray[i];
        }
    }
}
```

不过，变量名也并非越详细、越复杂越好。过于复杂的变量名会导致阅读困难，还会导致代码频繁换行：

```
// Fake codes
for (2DArrayRowIndex = 0; 2DArrayRowIndex <
  some2DArray.length; 2DArrayRowIndex++) {
  for (2DArrayColumnIndex = 0; 2DArrayColumnIndex <
    some2DArray[2DArrayRowIndex].length;
    2DArrayColumnIndex++) {
    ... // 100 lines of code
    for (arrayIndex = 0; arrayIndex < someArray.length;
      arrayIndex++) {
      some2DArray[2DArrayRowIndex][2DArrayColumnIndex] +=
        someArray[arrayIndex];
    }
  }
}
```

那么，究竟要遵循怎样的步骤，才能确保得到一个好的变量名呢？很遗憾，目前还没有这样的“黄金步骤”。我们给出的建议是，在确保意义明确的基础上，使用尽可能简短的变量名。在简单的循环中，使用 i 作为循环变量通常是合适的。同时，在很多情况下，使用一个单词就可以很好地描述变量的功能。在下面的代码中，我们使用 poetry 来指代一首诗。

```
// Fake codes
poetryStorage.getPoetryAsync(1, function(poetry){
  // do something with variable poetry
  ...
});
```

在涉及同类型的多个变量时，我们可以根据变量的功能来为变量命名：

```
// Fake codes
var originalPoetry = ...
var updatedPoetry = ...
if (originalPoetry.title != updatedPoetry.title) {
  ...
```

需要特别注意的一点是，当我们发现已有的变量名不能很好地描述变量的功能时，一定要将变量重新命名，绝对不要懒惰或是抱有侥幸心理。如果我们不尽快解决这些小问题，那么小问题就会慢慢积累，最终演变为难以解决的复杂问题。

变量的命名规范，总结如下。

（1）使用英文字母、数字，以及下画线命名；不要使用中文命名变量；必要时可以少量地使用汉语拼音命名。

（2）建立统一的术语表，并使用术语表中的术语为变量命名。

（3）使用驼峰命名命名变量；在遇到缩写时，由两个字母组成的缩写，全部采用大写；由 3 个及以上字母组成的缩写，正常采用驼峰命名。

（4）变量名在充分反映变量功能的基础上，尽量保持简短；只在简单的循环中使用 i、j、k 一类的循环变量。

9.1.2 成员的命名规范

在此前的章节中，我们刻意地没有区分“变量”与“成员变量”。简单来讲，变量是在代码中定义的：

```
// Fake codes
var a = 0; // a is a variable
```

而成员变量是在对象中定义的：

```
// Fake codes
var a = {}; // a is a variable
a.b = 0; // a.b is a member variable
```

对于成员变量，我们建议采用与普通变量一样的规范进行命名。不过，对于两种特殊情况，我们额外做出了一些要求。

首先，如果我们不希望一个成员变量被除当前对象之外的其他对象访问，即我们希望一个成员变量是当前对象“私有”的，则使用下画线作为变量名的开头：

```
// Fake codes
a._somePrivateVariable
```

需要注意的是，“以下画线开头的变量是私有成员变量”是开发者之间的一种约定，而不是 JavaScript 语言的一种特性。这意味着我们事实上可以任意地访问以下画线开头的变量。只不过，出于开发者之间的约定，一旦我们发现一个变量是以下画线开头的，最好就不要访问它。

如果你希望在 JavaScript 中实现真正的私有成员变量，则需要使用闭包（closure）。以下面的代码为例：

```
var poetry = (function(){
  var title = 0;

  return {
    getTitle: function(){
      return title;
    }
  };
})();
```

上述代码中的 title 就是真正意义上的私有成员变量。不过，闭包的使用太过复杂，并且涉及 JavaScript 语言非常多“奇特”的特性，超出了本书的范围。因此，我们采用了基于下画线来约定私有成员变量的方法，而不会使用闭包来定义私有成员变量。

其次，如果我们认为一个成员变量的值不会发生变化，即该成员变量事实上充当一个常量，则我们使用帕斯卡命名（PascalCasing）来命名变量。帕斯卡命名与驼峰命名基本一样，唯一不同之处在于首个单词的首字母是大写的，即：

```
// Fake codes
{
  PageSize: 20
}
```

除了成员变量之外，成员函数也遵循上述命名规范。

9.2 排版规范

9.2.1 JavaScript 排版规范

目前为止，我们遵循的 JavaScript 排版规范主要包括：

（1）保证每行代码约 80 列，方便在 1080P 显示器上以垂直拆分模式并列地显示两份代码；

（2）每次缩进 2 个空格，将制表符保存为空格；

（3）每行只写一条语句或声明；

（4）对象成员的定义之间添加一个空行；

（5）if 等表达式后的语句要使用花括号标注；

（6）左花括号放在前一行代码的末尾；

（7）右花括号单独占据一行。

不过，我们偶尔也会违反上述排版规范。例如，对于用于判断返回条件的 if 语句，我们可能不会使用花括号，甚至可能不会换行：

```
// Fake codes
if (condition)
  return;
// or
if (condition) return;
```

很多时候，我们都可以使用微信开发者工具提供的“格式化文档”功能来自动排版代码。如图 9-3 所示，在 JS 文件中单击右键，选择“格式化文档，方法是使用...”，然后在弹出的界面中选择“Beautify”，微信开发者工具就会自动使用 Beautify 格式化文档。不过，Beautify 并不会自动将文档的宽度限制为 80 列，因此很多时候我们还需要手动为代码添加一些换行符，再使用 Beautify 来排版代码。

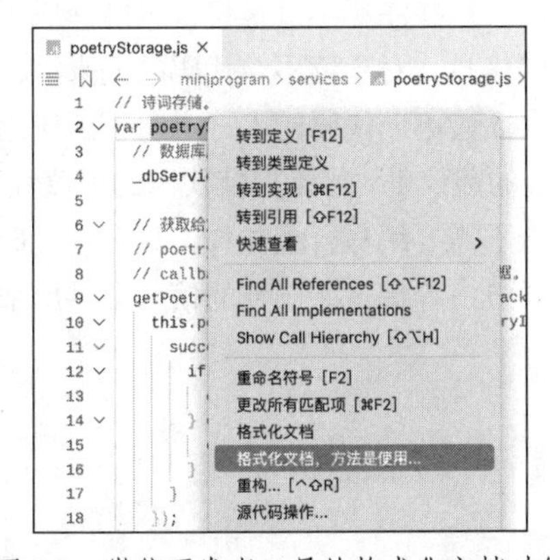

图 9-3　微信开发者工具的格式化文档功能

9.2.2 WXML 排版规范

对于 WXML，我们遵循的排版规范主要包括：

（1）每次缩进 2 个空格，将制表符保存为空格；

（2）每行只使用一个组件；

（3）组件的关标签单独占据一行，除非与组件的开标签位于同一行。

我们遵循的 WXML 排版规范没有限制每行代码的列数。这是由于类似 WXML 的标记语言（markup language，ML）的一大特点便是可以在一行代码中设置大量的属性：

```
<!-- Fake codes -->
<view class="list-item" bindtap="view_bindtap" ...
```

不过，我们也经常采用一种“每行设置一个属性”的排版方法：

```
<!-- Fake codes -->
<view wx:for="{{ poetries }}"
  wx:for-index="poetryIndex"
  class="poetry"
  ...
```

在这种排版方法中，我们在首行设置一个属性，并在后续的每一行中缩进并设置一个属性。使用这种方法排版 WXML 会带来良好的代码可读性，但同时会导致代码的行数快速地增长。因此，我们需要在简短的代码和良好的代码可读性之间做出选择。

9.3 注释规范

9.3.1 行级注释规范

在编写注释时，我们经常见到有人逐行地为代码编写详细的注释：

```
// Fake codes.
// 定义变量 a。
var a = 0;
// a 自增 1。
a++;
```

我们将这种直接注释在代码行上的注释称为行级注释。不过，如上所示的行级注释看起来非常详细，实际上却没有什么价值。这些注释不过是将代码翻译成了中文。对于能读懂代码的人来讲，这些注释并不能提供额外的信息。对于读不懂代码的人来讲，读懂了这些注释也没什么用，因为读代码终究是为了写代码，而读不懂代码的人一定写不出代码。

对于类似上面的情况，我们的建议是，尽量保持代码的可读性，而不是编写大量的行级注释。如果代码本身是易读的，则完全不需要编写行级注释。只有在代码难以理解，必须结合额外的信息才能正确地理解代码时，才通过注释将这些额外的信息提供出来，例如：

```
// Fake codes
var width = 100;

// IE 有 bug，必须将宽度设置为 105 才能正常显示
if (browser == "IE") {
  width = 105;
}
```

如上所示的行级注释很好地解释了为什么要将 width 变量的值设置为 105，而不是简单地告诉开发者需要将 width 变量设为 105 却不解释原因[1]。这些注释能够帮助开发者更好地理解代码为什么要按照特定的形式编写。这样的注释才是有价值的注释。

1 在任何需要传递知识的场合，我们都应该解释原因从而寻求他人的理解，而不是单纯地告诉别人应该怎么做。

9.3.2 对象级注释规范

尽管我们建议只在必要时才编写行级注释，但我们要求必须为有明确业务功能的对象及其成员编写注释。这里，“有明确业务功能的对象”指的是我们在页面逻辑层和服务逻辑层中定义的，带有实现业务功能的函数的对象，如我们在第 7 章中定义的诗词存储服务 poetryStorage 对象。在定义有明确业务功能的对象时，我们要求以注释的形式说明对象的业务功能，即便这段注释可能非常简短：

```
// Fake codes
// 诗词存储。
var poetryStorage = {
  ...
```

在为有明确业务功能的对象编写成员变量和成员函数时，我们也要求以注释的形式说明变量与函数的业务功能。成员变量的注释通常也很简短，但不可以省略：

```
// Fake codes
// 诗词存储。
var poetryStorage = {
  // 数据库服务。
  _dbService: require("dbService.js"),
  ...
}

// poetry 集合对象。
poetryStorage.poetryCollection =
  poetryStorage._dbService.db.collection("poetry");
```

在上面的代码中，_dbService 成员变量是在 poetryStorage 对象的内部定义的，而 poetryCollection 成员变量是在 poetryStorage 对象的外部定义的。无论在哪里定义成员变量，都需要为它们编写注释。

与成员变量的注释相比，成员函数的注释要复杂得多。以诗词存储服务的 getPoetriesAsync 函数为例：

```
// Fake codes
// 获取满足给定条件的诗词数组。
// where: 搜索条件，对象类型。
// skip: 跳过记录的数量，整数类型。
// take: 返回记录的数量，整数类型。
...
getPoetriesAsync: function (where, skip, take, callback) {
  ...
```

首先，我们需要通过注释给出成员函数的具体功能。由于函数可能会涉及作为输入的参数，作为输出的返回值，以及其他可能的执行效果，因此我们需要在注释中充分地反映这些信息。在上面的代码中，“给定条件”就是函数的输入，“满足给定条件的诗词数组”就是函数的输出。

除了描述函数的功能，注释还需要介绍函数的参数。我们建议采用如下形式介绍函数的参数：

```
[参数名]: [参数的意义], [参数的类型]。
```

由于 JavaScript 使用动态类型，因此我们可能需要花费更多的文字来解释究竟应该为函数传递什么样的参数。例如，假设函数 savePoetryAsync 接收一个 poetry 对象，则我们可能需要清晰地描述 poetry 对象都需要提供哪些成员：

```
// Fake codes
// 保存诗词。
// poetry: 诗词对象，{ id: int, title: string, ...
// callback: ...
savePoetryAsync: function(poetry, callback) {
  ...
```

上面的代码说明了 poetry 参数必须提供整数类型的 id 成员变量，字符串类型的 title 成员变量，以及其他更多的成员变量。这些注释有助于开发者了解如何才能正确地调用函数，从而避免错误的发生。

回调函数是一类特殊的参数。由于回调函数自身还需要接收参数，因此我们需要在注释中清晰地解释回调函数需要接收什么样的参数：

```
// Fake codes
...
// callback: 回调函数，接收 poetry 集合中的记录数组作为参数。
getPoetriesAsync: function (where, skip, take, callback) {
  ...
```

9.4 动手做

阅读下列代码，理解 unique 函数的功能，并按照编码规范重新整理代码。

```
var unique=function(a){
 let b={};let c=[];
   a.forEach(function(d){if(!b[d]){
   b[d] = true;

  c.push(d);}});
return c;}
```

9.5 迈出小圈子

C#语言支持“XML 文档注释”（XML documentation comment）。这种注释使用 3 根斜线“///”开头，如下所示：

```
/// <summary>
/// 学生。
/// </summary>
public class Student {
    /// <summary>
    /// 计算 GPA。
    /// </summary>
    public double calculateGpa() {
        return new Random().NextDouble();
    }
}
```

XML 文档注释会被开发环境解析，并通过智能感知等途径提示给用户，如图 9-4 所示。

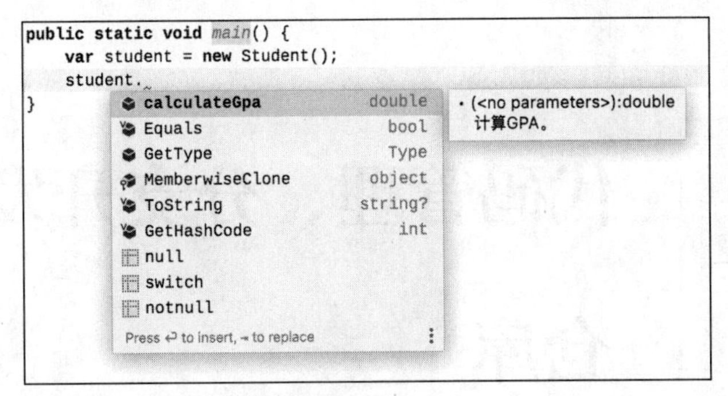

图 9-4　通过智能感知途径提示的 XML 文档注释

请你探索一下 JavaScript 是否支持类似的功能？如果支持的话，我们能否在微信开发者工具中使用类似的功能？除了 C#之外，还有哪些语言以及开发环境支持类似的功能？

第10章 代码管理、分支开发与Git仓库

多人协同开发需要解决的第二个问题是如何同步和管理团队的代码。同步代码，通常指的是获取来自团队其他成员的代码，以及让团队的其他成员获得来自自己的代码。管理代码则涉及更多的问题，包括如何解决由多名团队成员同时修改同一个代码文件导致的冲突，以及如何撤销对代码的错误修改等。

如果你曾经使用U盘、网盘或是聊天软件互传文件的方法来同步和管理团队的代码，你可能遇到过下列问题。

（1）我怎么才能知道哪些文件发生了变更?

（2）这些文件的版本不一致了，我必须重新合并所有的文件!

（3）我的修改消失了！我明明保存了!

（4）我不小心删除了文件!

（5）又要合并文件，我已经彻底失去耐心了!

值得庆幸的是，有一个被称为“Git”的专业工具会帮助我们优雅地解决代码同步与管理问题。不仅如此，Git还能为团队成员构建相对独立的开发空间，使他们既能暂时忽略来自其他人的更改从而专注于自己的工作，又能随时同步自己与他人的更改。

10.1 准备工作

Git将代码保存在仓库（repository）中。在多人协同开发时，需要将Git仓库保存到服务器上，方便团队成员访问仓库从而同步代码。对有经验的开发者来说，搭建一个Git服务器并不算复杂。但对于新手来讲，搭建Git服务器的过程可能就不那么顺利了。

值得庆幸的是，有很多第三方Git仓库服务可供选择。这些Git仓库服务为我们搭建好了Git服务器，只需要注册一个账号，我们就可以免费地将代码保存到它们提供的Git服务器上。在本书中，我们会使用“码云”（Gitee）提供的免费Git服务器。现在，请你到Gitee注册一个账号，再继续后面的学习。

10.2 将项目发布到 Gitee

要了解如何将项目发布到 Gitee，请访问右侧二维码。

将项目发布到 Gitee

要将项目发布到 Gitee，我们首先需要在 Gitee 上新建一个仓库。登录 Gitee 之后，在“我的工作台”左下角可以看到仓库列表，如图 10-1 所示。单击仓库列表右上角的“+”就会跳转到新建仓库页面，如图 10-2 所示。

图 10-1　Gitee 首页的仓库列表

在新建仓库页面，我们需要输入仓库名称以及路径。本书建议只使用英文字母和数字来命名仓库，同时采用帕斯卡命名以避免在未来迁移 Git 仓库服务器时遇到兼容性问题。在填写仓库名称时，Gitee 会自动以 kebab 命名（一种利用连字符“-”分隔单词的命名方法）为我们生成仓库路径。并且，如果我们采用中文来命名仓库，Gitee 还会自动将中文仓库名翻译为英文路径。不过，为了确保最佳的兼容性，我们依然采用英文仓库名称“Dpm”，如图 10-2 所示。

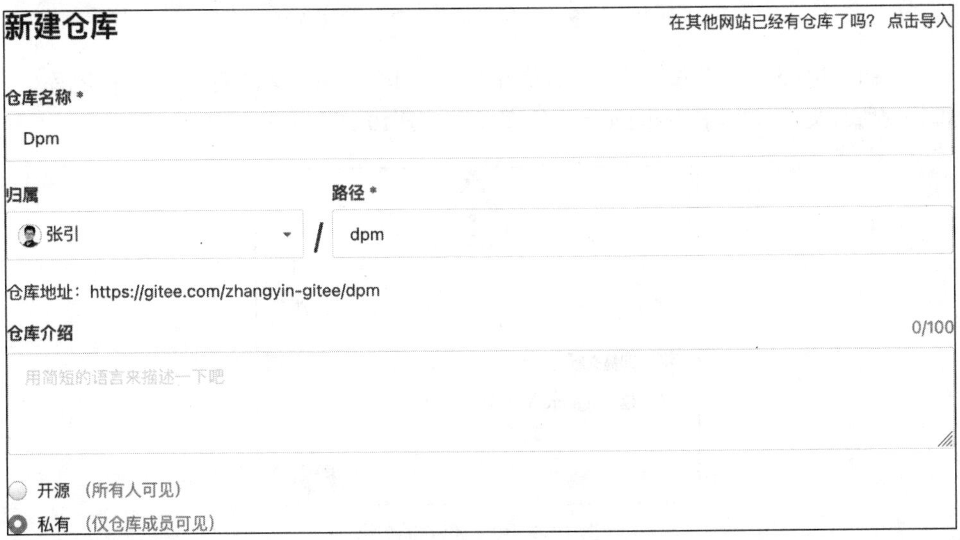

图 10-2　在 Gitee 中新建仓库

在新建仓库时，我们还可以选择仓库是开源的还是私有的，如图 10-2 所示。开源仓库对所有人都是可见的，即任何人都可以查看仓库的代码。私有仓库则仅对仓库成员开放，其他人无法查看仓库的内容。不过，无论是开源仓库还是私有仓库，只有仓库成员才能修改仓库中的代码。我们会在 10.3 节介绍如何添加仓库成员。

在新建仓库之后，我们需要复制仓库的地址。值得注意的是，我们需要复制 HTTPS（hypertext transfer protocol secure，超文本传输安全协议）仓库地址，而非 SSH（secure shell，安全外壳）仓库地址，如图 10-3 所示。

图 10-3　HTTPS 仓库地址

复制好仓库地址之后，我们需要将 DPM 项目的代码发布到仓库。在微信开发者工具的右上角单击“版本管理”按钮，可以打开版本管理界面，如图 10-4 所示。在每个项目中首次打开版本管理界面时，微信开发者工具会发现我们还没有为项目初始化 Git 仓库。单击“初始化 Git 仓库”就会开始初始化流程。

图 10-4　微信开发者工具的版本管理界面

单击“初始化 Git 仓库”按钮之后，微信开发者工具会在项目文件夹中创建 Git 仓库，提示我们立即提交所有文件，并创建.gitignore 文件模板，如图 10-5 所示。

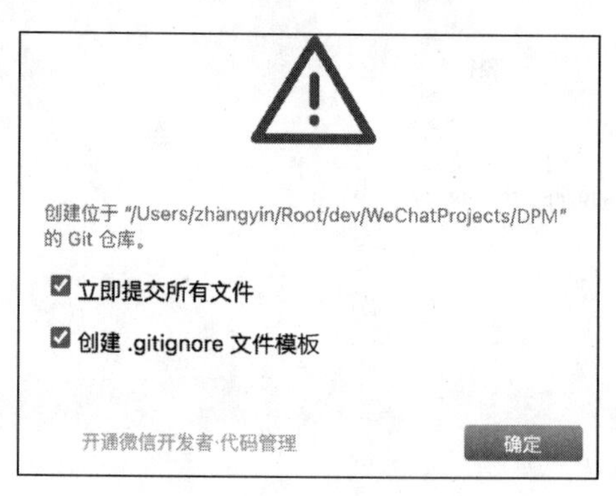

图 10-5　初始化 Git 仓库

你可能会问：我们不是已经在 Gitee 上创建一个仓库了吗？为什么微信开发者工具还要在项目文件夹中再创建一个 Git 仓库？这正是 Git 的独特之处。Git 会在本地创建一个 Git 仓库。每次我们修改并提交文件时，都会提交到本地的 Git 仓库。一方面，由于提交操作是在本地进行的，因此提交会非常迅速；另一方面，我们随时可以要求 Git 将本地的 Git 仓库与 Git 服务器上的远程仓库进行同步。此时，提交到本地仓库的更改就会被推送到远程仓库，同时远程仓库上的更改会被拉取到本地仓库。这样一来，我们就能获取来自团队其他成员的更改，同时团队的其他成员也能获得来自我们的更改了。

理解了 Git 的工作模式之后，我们就能理解图 10-5 中“立即提交所有文件”的意思了。选中“立即提交所有文件”并单击“确定”之后，微信开发者工具就会将项目中的所有文件提交到本地 Git 仓库。不过，由于我们还没有在本地 Git 仓库和 Git 服务器上的远程仓库之间建立起联系，因此我们还不能在 Gitee 上看到 DPM 项目的代码。

我们再来介绍.gitignore 文件。选中“创建.gitignore 文件模板”并单击“确定”之后，微信开发者工具会为我们生成如下所示的.gitignore 文件：

```
# Windows
[Dd]esktop.ini
Thumbs.db
$RECYCLE.BIN/

# macOS
.DS_Store
.fseventsd
.Spotlight-V100
.TemporaryItems
.Trashes

# Node.js
node_modules/
```

.gitignore 文件用来告诉 Git 应该将项目文件夹下的哪些文件排除在代码管理之外。从上面的代码可以看到，微信开发者工具创建的.gitignore 文件排除的主要是来自 Windows 以及 macOS 操作系统的系统文件，如 Windows 的桌面配置文件 Desktop.ini，以及 Windows 和 macOS 的预览图缓存文件 Thumbs.db 和.DS_Store 等。.gitignore 文件还排除了 Node.js 的 modules 文件。由于本书不涉及 Node.js 的内容，这里就不做进一步的介绍了。

在完成本地 Git 仓库的初始化之后，我们还需要添加远程 Git 仓库。在“工作空间”中单击“设置”，再单击“远程”选项卡，可以查看远程仓库信息，如图 10-6 所示。单击“添加”，就能够打开添加远程仓库界面，如图 10-7 所示。在添加远程仓库时，我们只需要将图 10-3 中的 HTTPS 仓库地址填写到“URL”中即可。单击“确定”，即可完成远程仓库的添加。

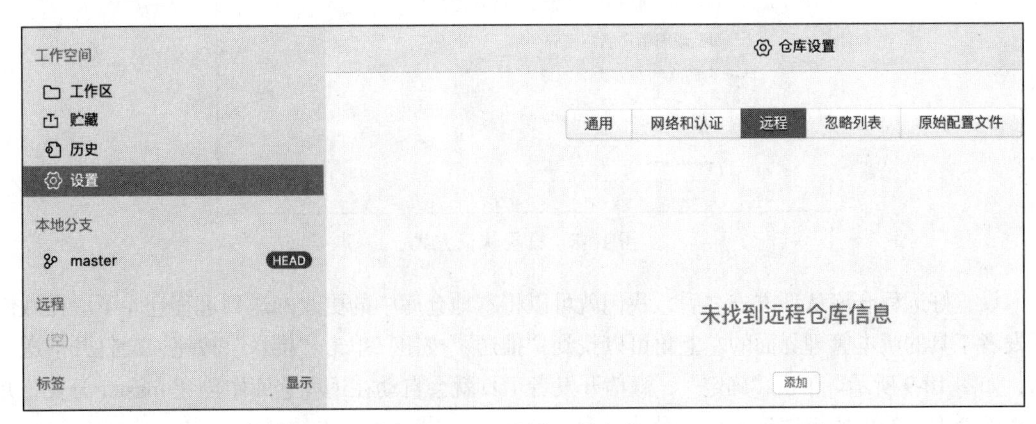

图 10-6　设置远程仓库

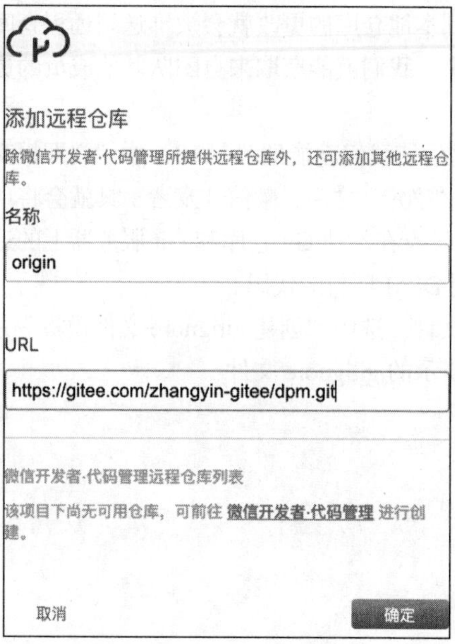

图 10-7　添加远程仓库界面

在添加完远程仓库之后，我们还需要向微信开发者工具提供访问远程仓库所需的用户名和密码。如图 10-8 所示，我们切换到“网络和认证”选项卡，在“认证方式”中选择“使用用户名和密码”，并在下方文本框中输入 Gitee 的登录用户名和密码，即可设置远程仓库的认证方式。

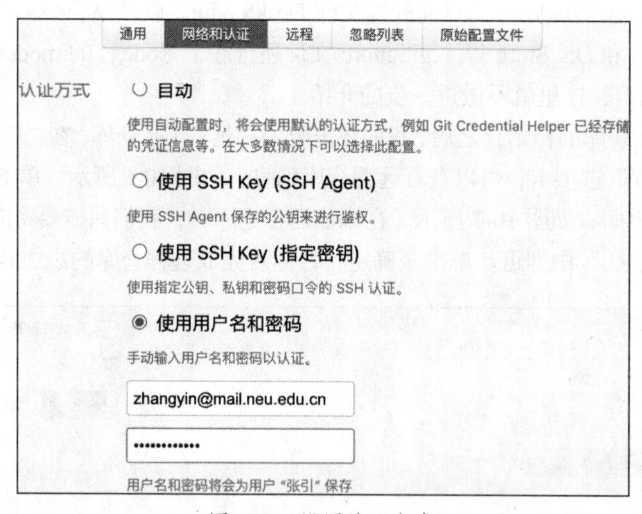

图 10-8　设置认证方式

设置好远程仓库认证方式之后，我们就可以将本地仓库中的更改推送到远程仓库了。在微信开发者工具的版本管理界面的左上角可以找到“推送”按钮。单击“推送”按钮，会打开推送界面，如图 10-9 所示。单击“确定”，微信开发者工具就会自动在远程仓库中创建 master 分支，并将本地仓库中的更改推送到 master 分支。我们会在 10.8 节讨论分支的概念。

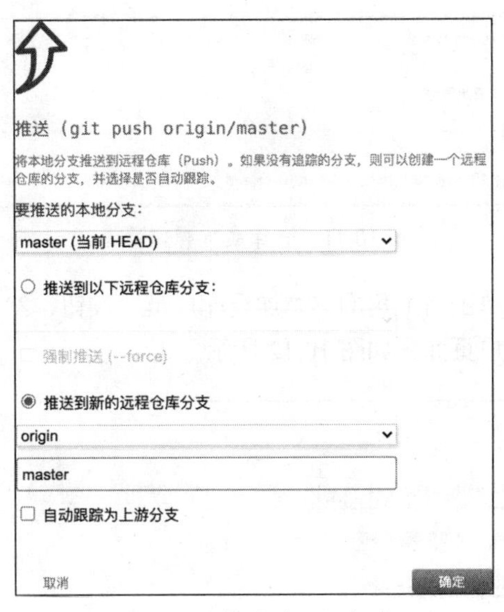

图 10-9　推送到远程仓库

完成推送之后，我们就可以在浏览器中刷新远程仓库的页面，查看推送到远程仓库中的代码了，如图 10-10 所示。

master ▾　分支 1　标签 0　+ Pull Request　+ Issue　文件 ▾　Web IDE　克隆/下载 ▾

张引　Initial Commit　243ac45　12小时前		1 次提交
cloudfunctions	Initial Commit	12小时前
miniprogram	Initial Commit	12小时前
.gitignore	Initial Commit	12小时前
README.md	Initial Commit	12小时前
project.config.json	Initial Commit	12小时前

图 10-10　推送到远程仓库中的代码

10.3 添加仓库成员

要了解如何添加仓库成员，请访问右侧二维码。

添加仓库成员

根据我们在 10.2 节提到的，无论是开源仓库还是私有仓库，只有仓库成员才能修改仓库中的代码。因此，我们只有将团队的成员添加为仓库成员，才能让他们将更改推送到仓库中。为此，我们需要在 Gitee 的仓库页面中单击“管理”选项卡，在左侧选择“仓库成员管理”选项卡，然后单击“所有”，从而打开仓库成员管理页面，如图 10-11 所示。

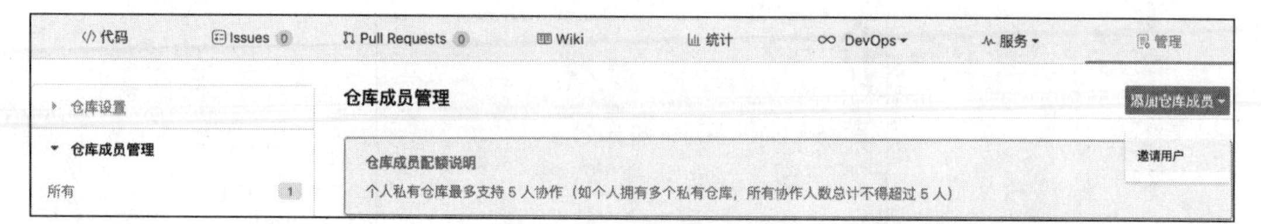

图 10-11　仓库成员管理页面

在仓库成员管理页面，单击右上角的“添加仓库成员”按钮，然后在弹出的菜单中单击“邀请用户”，就能打开邀请用户页面，如图 10-12 所示。

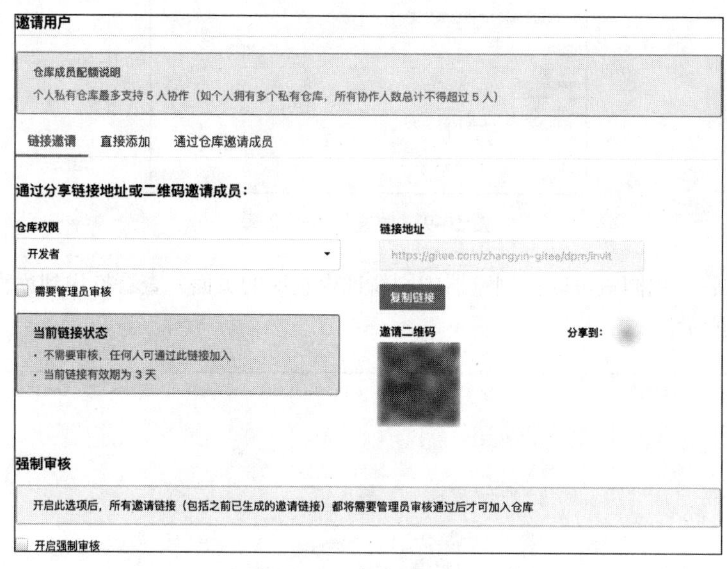

图 10-12　邀请用户页面

在邀请用户页面，我们可以通过链接邀请用户，也可以直接添加用户，还可以通过仓库邀请成员。选择较为简单的一种方法，我们可以直接将邀请链接地址复制后发送给团队成员，团队成员打开邀请链接并使用 Gitee 账号登录之后，就能成为仓库成员了。

10.4 克隆仓库

要了解如何克隆仓库，请访问右侧二维码。

克隆仓库

团队成员如果想将更改提交到远程仓库，首先需要将远程仓库“克隆”到本地。“克隆”是 Git 的一种操作，它的作用是将远程仓库复制一份到本地，并形成本地仓库。截至本书完稿时，微信开发者工具并不支持克隆操作。因此，我们需要额外安装支持克隆操作的软件。我们将分别针对 Windows 和 macOS 操作系统进行介绍。

对于 Windows 操作系统，我们首先需要下载并安装 Git。安装好 Git 之后，我们再下载并安装带有图形界面的 Git 软件：TortoiseGit。安装好 TortoiseGit 之后，在任意文件夹中单击右键，单击“Git Clone”，如图 10-13 所示，就可以打开 Git clone 界面了。

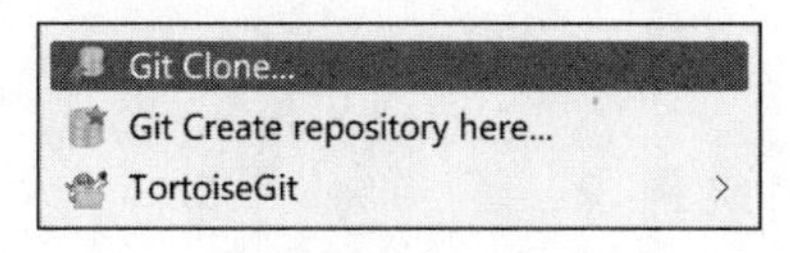

图 10-13　在快捷菜单中单击“Git Clone”

打开 Git clone 界面之后，我们需要将远程仓库的 HTTPS 地址粘贴到“URL”文本框中。为此，我们需要访问远程仓库的网址，打开图 10-10 所示的页面。在页面的右上角单击“克隆/下载”，就能复制得到仓库的 HTTPS 地址。将该地址粘贴到“URL”文本框中，如图 10-14 所示，再单击“OK”按钮，并在弹出的对话框中输入 Gitee 的用户名和密码，就能将远程仓库克隆到本地了。

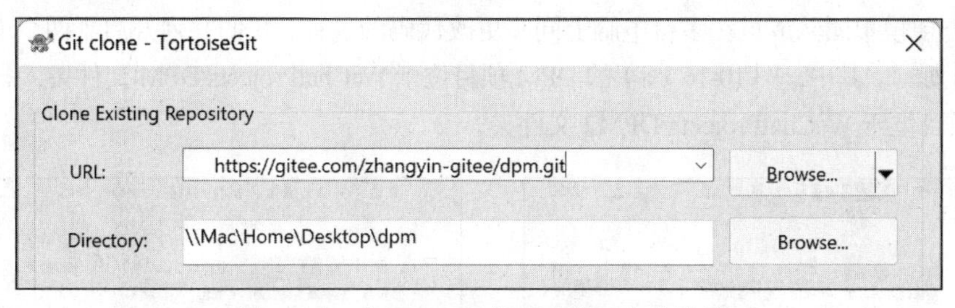

图 10-14　在 Git clone 界面中填写仓库地址

对于 macOS 操作系统，我们可以在 App Store 中下载 Xcode。安装好之后，我们就可以在终端中使用 git 命令了。我们首先打开终端，并使用 cd 命令导航到任意文件夹：

```
cd /path/to/your/folder
```

接下来我们访问远程仓库的网址，在图 10-10 所示的远程仓库页面的右上角单击“克隆/下载”，复制仓库的 HTTPS 地址，并在终端中使用 git clone 命令克隆仓库：

```
git clone [仓库的 HTTPS 地址]
```

就能将仓库克隆到本地了。

在将仓库克隆到本地之后，我们需要使用微信开发者工具的“导入项目”功能将项目导入微信开发者工具。在微信开发者工具的“项目”菜单中单击“导入项目”，找到刚刚克隆得到的文件夹，就能打开导入项目界面，如图 10-15 所示。单击“确定”按钮，就可以将项目导入微信开发者工具了。

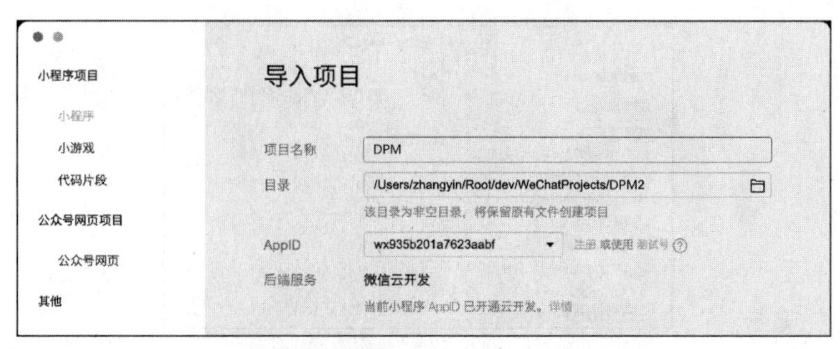

图 10-15　微信开发者工具的导入项目界面

将项目导入微信开发者工具之后，我们依然需要设置远程仓库的认证方式。如图 10-8 所示，我们单击“版本管理”按钮，切换到“网络和认证”选项卡，在“认证方式”中选择“使用用户名和密码”，并在下方文本框中输入 Gitee 的登录用户名和密码即可。

10.5 同步更改

要了解如何同步更改，请访问右侧二维码。

同步更改

为了方便模拟团队成员在多台电脑上同步更改代码的过程，我们并列开启了两个 DPM 项目，如图 10-16 所示。其中，图 10-16（a）的 DPM 项目位于 WeChatProjects/DPM 文件夹，图 10-16（b）的 DPM 项目位于 WeChatProjects/DPM2 文件夹。

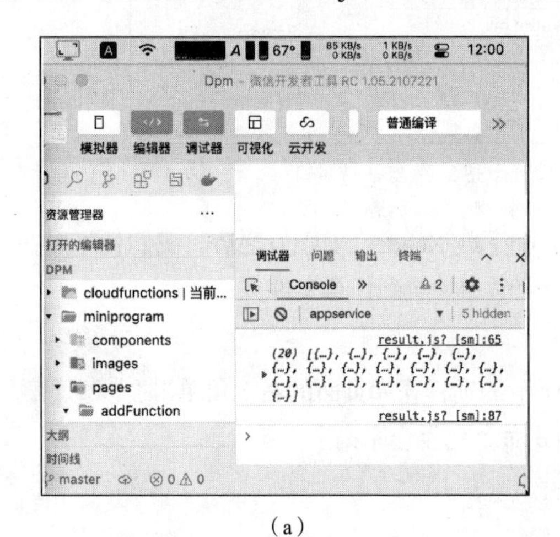

（a）

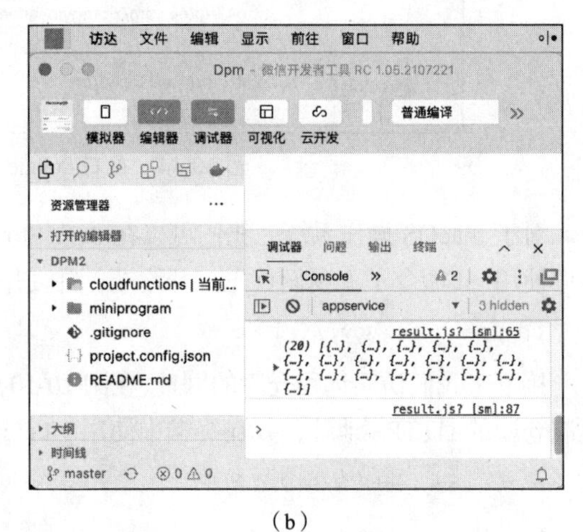

（b）

图 10-16　并列开启两个 DPM 项目

我们首先在图 10-16（a）的 DPM 项目中进行更改。我们在 services 文件夹中创建 gitService.js 文件，如图 10-17 所示。gitService.js 文件的内容是：

```
var message = "Hello World!";
```

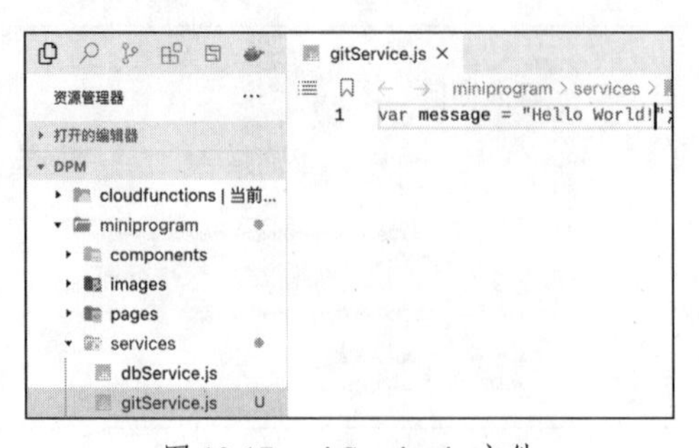

图 10-17　gitService.js 文件

创建好 gitService.js 文件之后，我们就将更改提交到远程仓库。为此，我们首先需要将更改提交到本地仓库。单击微信开发者工具右上角的“版本管理”按钮，打开版本管理界面。在版本管理界面中，我们能看到所有的更改，如图 10-18 所示。

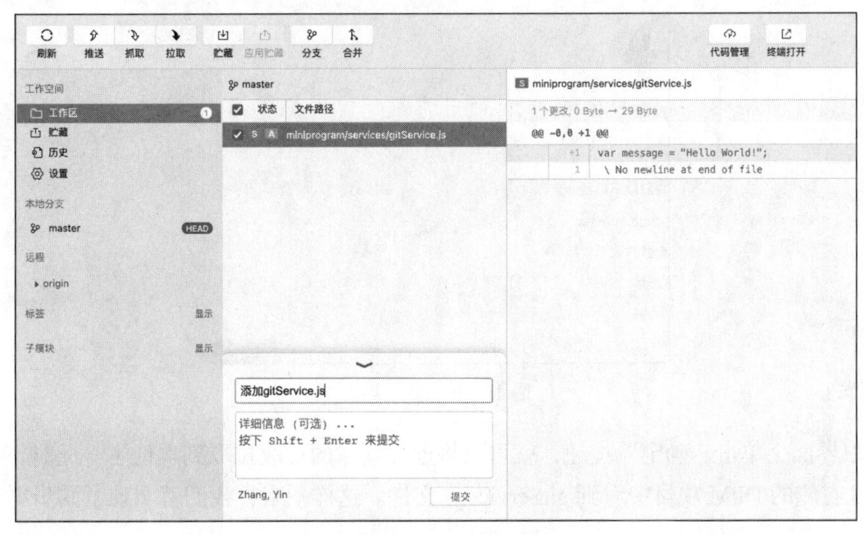

图 10-18　填写提交信息

要提交更改，我们需要在版本管理界面中选中要提交的更改，并在下方输入提交的标题。为了方便在未来回顾以及撤销更改，我们有必要为提交的更改输入简短且明确的标题。由于创建了 gitService.js 文件，因此我们将提交的标题设置为“添加 gitService.js”。输入好提交的标题之后，单击“提交”按钮，就可以将更改提交到本地仓库了。

在将更改提交到本地仓库之后，我们还需要将更改从本地仓库推送到远程仓库。单击版本管理界面左上角的“推送”按钮，可以打开推送界面，如图 10-19 所示。在推送界面，我们需要选择“推送到以下远程仓库分支”，并在下方的下拉列表框中选择 master 分支。单击“确定”，就可以将更改推送到远程仓库了。如果我们使用浏览器打开远程仓库的网址，就能在 services 文件夹中找到 gitService.js 文件了。

推送 (git push origin/master)
将本地分支推送到远程仓库（Push），如果没有追踪的分支，则可以创建一个远程仓库的分支，并选择是否自动跟踪。
要推送的本地分支：
master (当前 HEAD)
推送到以下远程仓库分支：
origin/master
强制推送 (--force)
推送到新的远程仓库分支
origin
master
自动跟踪为上游分支
取消
确定

图 10-19　将更改推送到 master 分支

在将更改推送到远程仓库之后，我们还需要在其他团队成员的电脑上拉取更改。在图 10-16 右侧的 DPM 项目中单击“版本管理”按钮，打开版本管理界面，并单击界面左上角的“拉取”按钮，可以打开拉取界面，如图 10-20 所示。

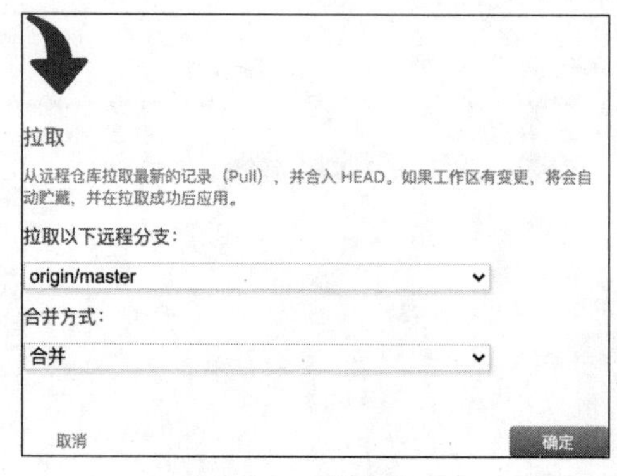

图 10-20　拉取界面

在拉取界面上单击“确定”按钮，就可以将远程仓库的更改拉取到本地了。此时，我们可以在图 10-16 右侧的 DPM 项目中看到 gitService.js 文件。这样一来，我们就实现了同步更改。

10.6 解决冲突

要了解如何解决冲突，请访问右侧二维码。

解决冲突

多人协同开发时遇到的一个典型的问题是由团队成员分别在不同的电脑上编辑同一个文件而导致的冲突。在本节，我们就来了解为什么会发生这种冲突，以及如何解决这种冲突。

我们继续采用图 10-16 所示的两个 DPM 项目来模拟团队成员在多台电脑上编辑同一个文件的过程。首先，我们在图 10-16（a）的 DPM 项目中编辑 gitService.js 文件，将其修改为：

```
var message = "Hello Git!";
```

接下来，我们在图 10-16（b）的 DPM 项目中编辑 gitService.js 文件，将其修改为：

```
var message = "Hello JS!";
```

接下来，我们在图 10-16（a）和图 10-16（b）的 DPM 项目中分别提交更改。在左侧的 DPM 项目中，我们输入的更改标题为“World -> Git”，如图 10-21（a）所示。在右侧的 DPM 项目中，我们输入的更改标题为“World -> JS”，如图 10-21（b）所示。在两侧的项目中分别单击“提交”按钮将更改提交到本地仓库，但不要单击“推送”按钮。

接下来，我们在左侧的 DPM 项目中单击“推送”按钮。此时，更改会被正常地推送到远程仓库。如果我们用浏览器打开远程仓库的网址，可以看到远程仓库中 gitService.js 文件的内容已经更新为“Hello Git!”，如图 10-22 所示。

(a)

(b)

图 10-21　两侧 DPM 项目的更改标题

gitService.js 27 Bytes
张引 提交于 8小时前 . World -> Git
1 var message = "Hello Git!";

图 10-22　远程仓库中的 gitService.js 文件

接下来，我们在右侧的 DPM 项目中单击“推送”按钮。此时推送会失败，同时微信开发者工具会给出图 10-23 所示的错误信息。

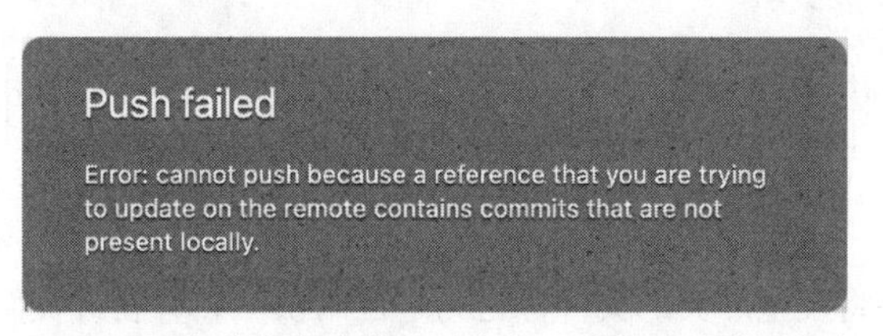

图 10-23　推送失败时微信开发者工具提示的错误信息

图 10-23 所示的错误信息内容大体如下[1]：

推送失败
错误：无法推送。你试图提交的文件在远程仓库中已经被修改。

此时，我们需要从远程仓库中拉取最新的更改。在右侧的 DPM 项目中单击“拉取”按钮，微信开发者工具会自动识别出冲突，如图 10-24 所示。

1 为了方便理解，这里采用了意译，并且翻译的结果与原始错误信息的差别较大。

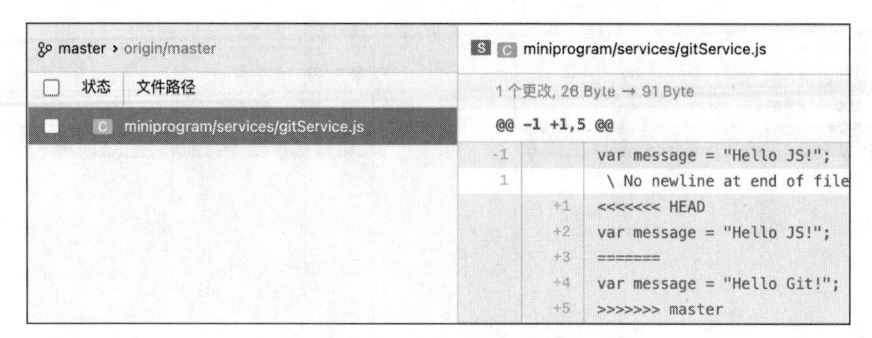

图 10-24 微信开发者工具识别出的冲突

关闭版本管理界面，可以看到 gitService.js 文件自动被修改为如下的内容：

```
<<<<<<< HEAD
var message = "Hello JS!";
=======
var message = "Hello Git!";
>>>>>>> master
```

这里，“HEAD”部分的内容是我们在本地进行的更改，“master”部分的内容则是远程仓库中由团队其他成员进行的更改。虽然两份更改都是针对：

```
var message = "Hello World!";
```

这一行代码进行的，但却有着完全不同的修改结果，因此产生了冲突。

我们已经了解了冲突产生的原因。接下来，我们需要解决冲突。

首先，我们需要决定究竟是保留“Hello JS!”，还是“Hello Git!”。如果我们需要保留“Hello JS!”，则我们需要编辑带有冲突的 gitService.js 文件，将其改为：

```
<<<<<<< HEAD
var message = "Hello JS!";
=======
var message = "Hello Git!";
>>>>>>> master
```

修改结果如图 10-25 所示。

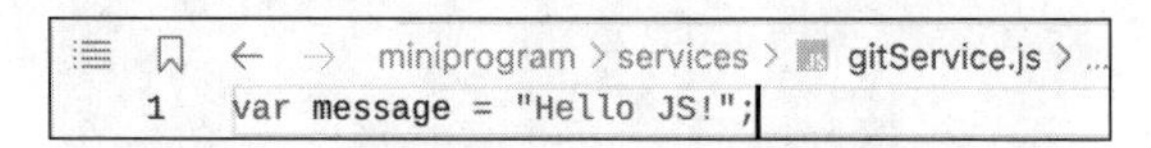

图 10-25 删除冲突内容后的 gitService.js 文件

接下来，我们需要将发生冲突的文件标记为“已解决”，并将冲突解决的结果提交到本地和远程仓库。然而，截至本书定稿时，我们尚不能借助微信开发者工具来完成这一过程。这里，我们借助 TortoiseGit 来标记文件并提交冲突解决的结果。

在 Windows 文件资源管理器中，在 gitService.js 文件上单击右键，展开“TortoiseGit”菜单，单击“Resolve”菜单项，可以打开 Resolve 界面，如图 10-26 所示。单击“OK”按钮，就可以将 gitService.js 文件标记为“已解决”。

图 10-26 所示的 Resolve 界面的右下角提示我们在 resolve 之后需要提交更改。因此，我们需要在 services 文件夹中单击右键并单击“Git Commit -> "master"...”菜单项，打开 Commit 界面，如图 10-27 所示。

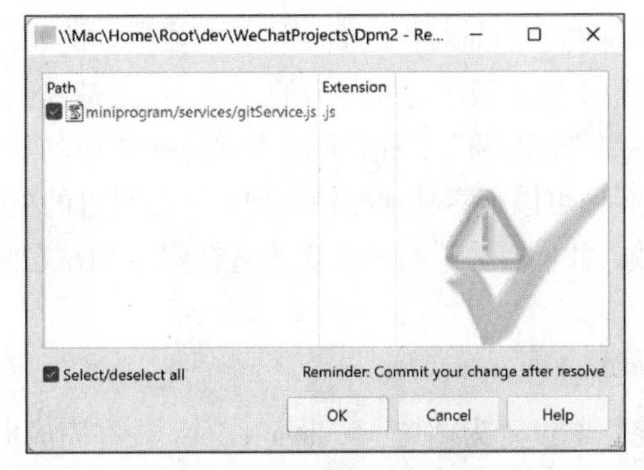

图 10-26 TortoiseGit 的 Resolve 界面

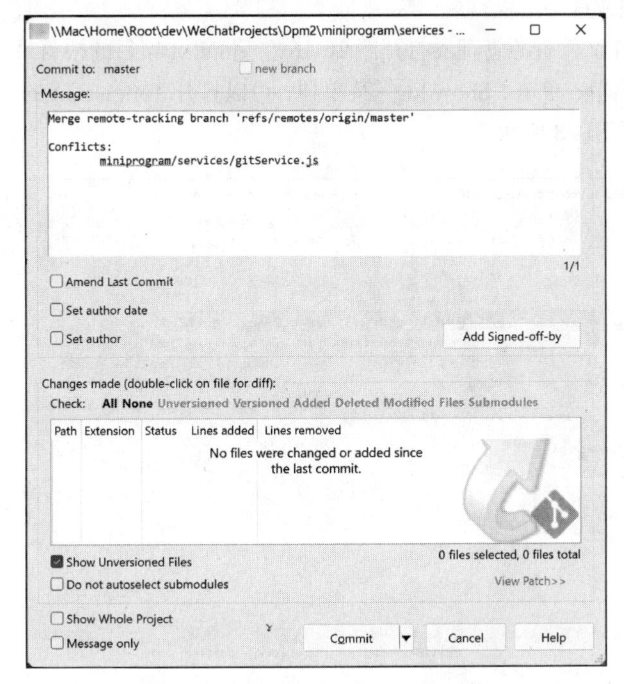

图 10-27 TortoiseGit 的 Commit 界面

TortoiseGit 会自动为我们生成提交信息，如图 10-27 所示。此时，我们只需要单击“Commit”按钮，就可以将冲突解决的结果提交到本地仓库了。接下来，我们回到微信开发者工具，打开版本管理界面，并单击“推送”按钮，就可以将冲突解决的结果推送到远程仓库了。此时，在图 10-16 左侧的 DPM 项目中单击“拉取”按钮，就能看到合并后的代码。

10.7 撤销更改

要了解如何撤销更改，请访问右侧二维码。

撤销更改

我们经常会出于各种各样的原因而对代码做出错误的修改。例如，我们可能参考了不可靠的技术博客，或是使用了不适用于当前版本开发平台的代码，抑或是仅仅在不经意间按了某个按键。此时，我们可能会希望有一剂“后悔药”，让代码恢复到未被修改的状态。Git 就为我们提供了这样一剂后悔药。利用 Git，我们可以很容易地撤销任何一次提交过的更改。

为了解释如何撤销更改，我们首先进行一次更改。在图 10-16 左侧的 DPM 项目中，我们将 JS 修改为 JavaScript[1]：

```
var message = "Hello JavaScript!";
```

在提交更改时，我们将标题设置为“JS -> JavaScript”。在完成提交之后，我们来学习如何撤销此次更改。截至本书定稿时，微信开发者工具尚不支持撤销提交的更改，因此我们依然需要借助 TortoiseGit 来完成这一过程。

我们使用 macOS 文件资源管理器打开图 10-16 左侧 DPM 项目的根目录，在空白处单击右键，展开“TortoiseGit”菜单，单击“Show log”菜单项，可以打开 TortoiseGit 的“Log Messages”（日志信息）界面，如图 10-28 所示。

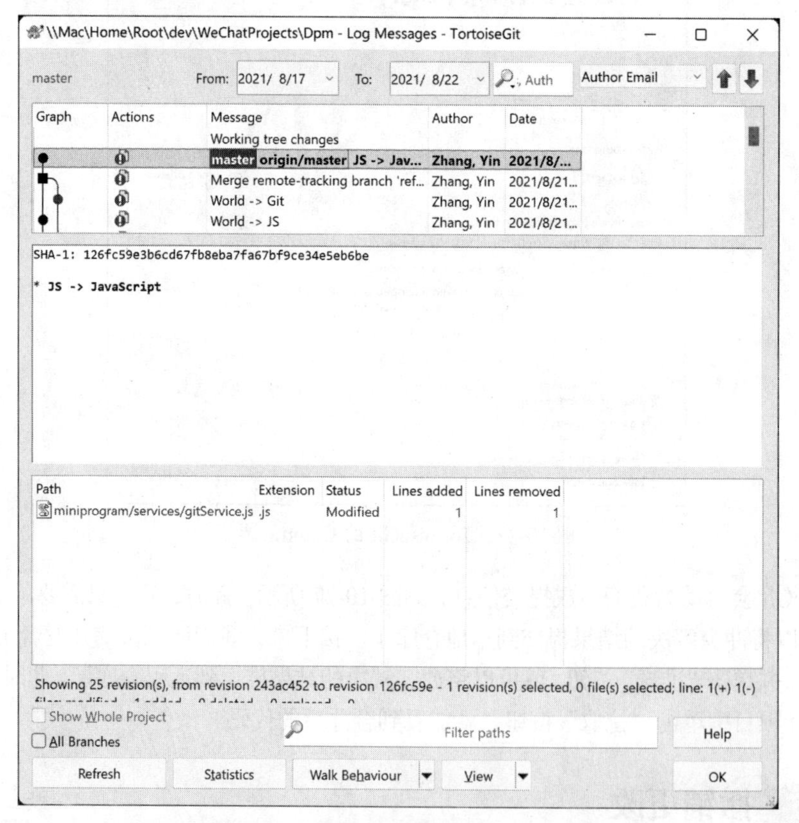

图 10-28　TortoiseGit 的日志信息界面

在日志信息界面，我们可以找到刚刚提交的更改“JS -> JavaScript”。在更改上单击右键，单击“Revert change by this commit”（撤销该提交的更改），如图 10-29 所示，并在弹出的对话框中单击“OK”，就可以撤销选定的更改了。

1 记得先单击“拉取”按钮从而获得最新版本的代码。

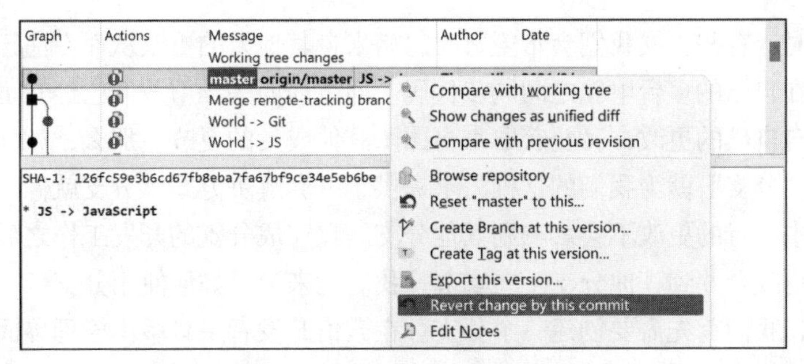

图 10-29　撤销更改

“撤销更改”本身也是一种更改。因此，我们需要将“撤销更改”提交到仓库。在项目文件夹的空白处单击右键并提交更改，TortoiseGit 会自动为我们生成提交信息，如图 10-30 所示。

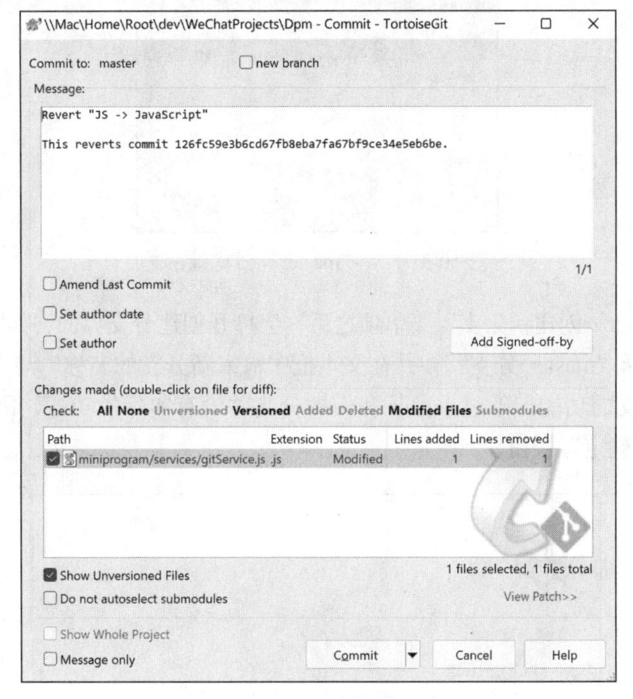

图 10-30　提交被撤销的更改

提交更改之后，我们回到微信开发者工具，并单击“推送”按钮，就可以将更改推送到远程仓库了。

10.8 分支开发

要了解如何进行分支开发，请访问右侧二维码。

分支开发

在团队开发时，有些时候我们会希望暂时忽略来自其他人的更改从而专注于自己的工作，同时依然利用 Git 在自己的多台电脑之间同步代码。通过前面的学习我们已经知道，同步代码就意味着既要获取来自自己的更改，又要获取来自团队其他成员的更改。那么，如何才能只获取来自自己的更改呢？“分支”就为我们的这种需求提供了一套解决方案。分支就像一个独立的虚拟仓库，在一个分支中进行的更改不会影响到其他分支。在完成分支的开发工作之后，我们还可以方便地将分支中的更改合并到其他分支。在本节，我们就来学习如何使用分支。

要使用分支，我们首先需要创建一个分支。在微信开发者工具版本管理界面的左侧，我们可以看到一个“本地分支”栏目，其中的 master 分支就是一个已经存在的分支。在“master”上单击右键，单击“从‘master’创建新分支”菜单项，就能创建新分支了，如图 10-31 所示。

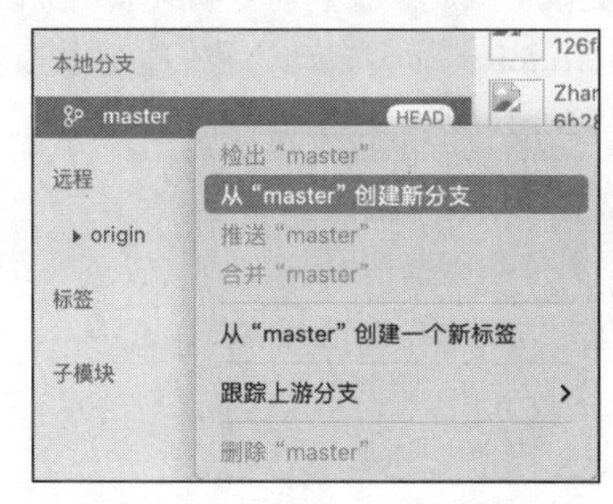

图 10-31　从“master”创建新分支

单击“从‘master’创建新分支”菜单项之后，会打开创建分支界面，如图 10-32 所示。我们在下拉列表框中选择“master 分支”，并在文本框中输入新分支的名称。与变量名类似，分支的名称也应该反映分支的功能。不过，由于我们的分支并没有实际的功能，因此我们将其命名为“slave”，并单击“确定”按钮。

图 10-32　创建分支界面

创建好新分支之后，我们就能在“本地分支”栏目中看到新的分支了，如图 10-33 所示。仔细观察图 10-33，会发现 master 分支上标记有“HEAD”标签，而 slave 分支上没有。这意味着 master 是我们当前的工作分支，我们所有的更改都发生在 master 分支上。要将 slave 分支设置为工作分支，我们需要在 slave 分支上单击右键，并单击“检出‘slave’”菜单项。这样一来，HEAD 标签就会移动到 slave 分支上。此时，我们进行的所有更改就会发生在 slave 分支上了。

图 10-33　检出 slave 分支

在 slave 分支上，我们在 services 文件夹中创建一个 branchService.js 文件，其内容为：

```
var message = "Hello Branch!";
```

接下来我们提交更改，并将更改推送到远程仓库。如图 10-34 所示，在首次将 slave 分支推送到远程仓库时，由于远程仓库中并没有 slave 分支，因此我们需要选择“推送到新的远程仓库分支”，并输入分支的名称。单击“确定”按钮，就可以将 slave 分支推送到远程仓库了。

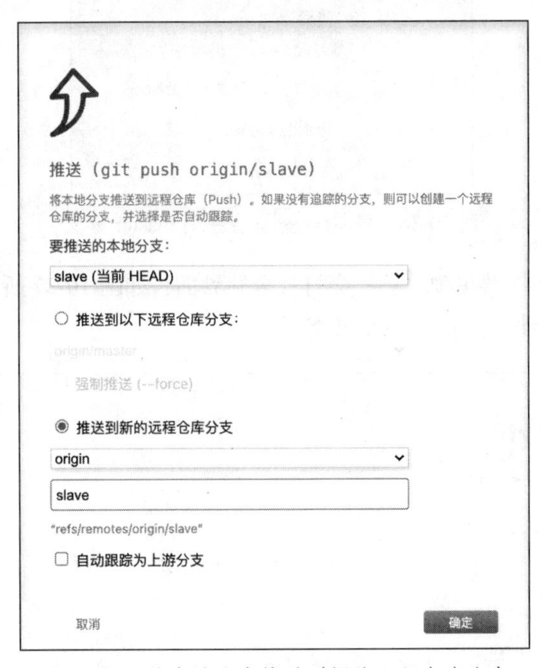

图 10-34　将本地分支推送到新的远程仓库分支

在完成此次推送之后，远程仓库中就已经存在 slave 分支了。因此，如果我们需要再次将 slave 分支中的更改推送到远程仓库，只需要在推送界面中选择“推送到以下远程仓库分支”，并在下拉列表框中选中 slave 分支就可以了。

在 slave 分支中的更改不会影响到 master 分支。我们在 master 分支上单击右键单击“检出‘master’分支”，如图 10-35（a）所示；再在 slave 分支上单击右键单击“检出‘slave’分支”，如图 10-35（b）所示。对比两个分支的 services 文件夹，可以看到 master 分支中只有 3 个文件，而 slave 分支中存在 4 个文件。这意味着我们对 slave 分支的修改正常地保存在了 Git 中，同时也没有影响到 master 分支。

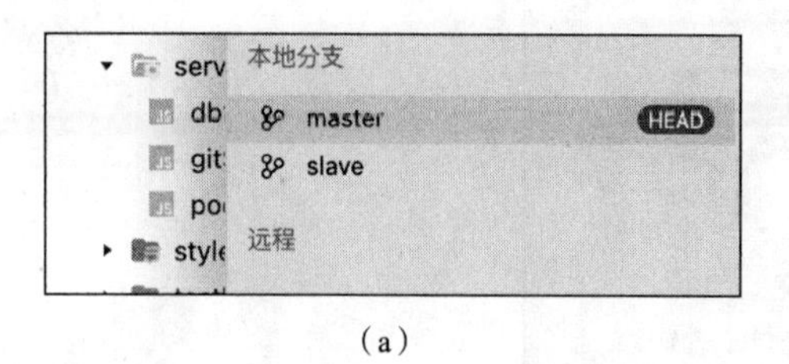

(a)

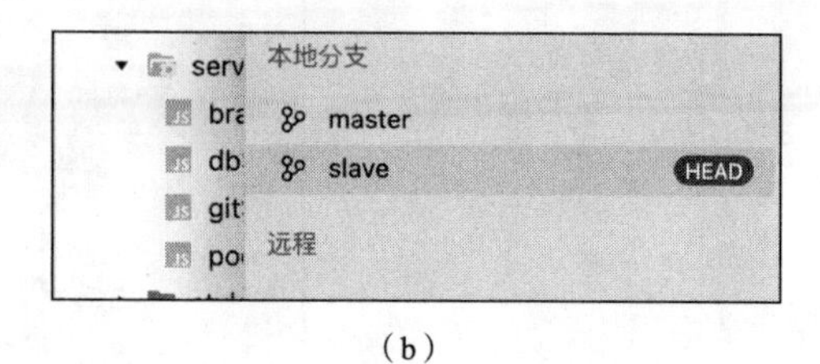

(b)

图 10-35 master 与 slave 分支的区别

在完成了 slave 分支的开发工作之后，我们需要将 slave 分支中的更改合并到 master 分支，从而让团队的其他成员能够获得我们提交的更改。要将 slave 分支合并到 master 分支，我们首先需要检出 master 分支，并在 slave 分支上单击右键，单击"合并'slave'"菜单项，如图 10-36 所示。

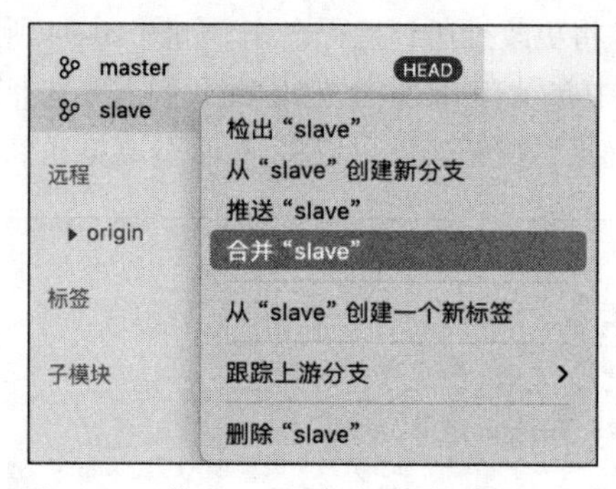

图 10-36 将 slave 分支合并到 master 分支

单击"合并'slave'"菜单项之后，会打开合并界面，如图 10-37 所示。单击"确定"按钮，就可以将 slave 分支的更改合并到 master 分支了。

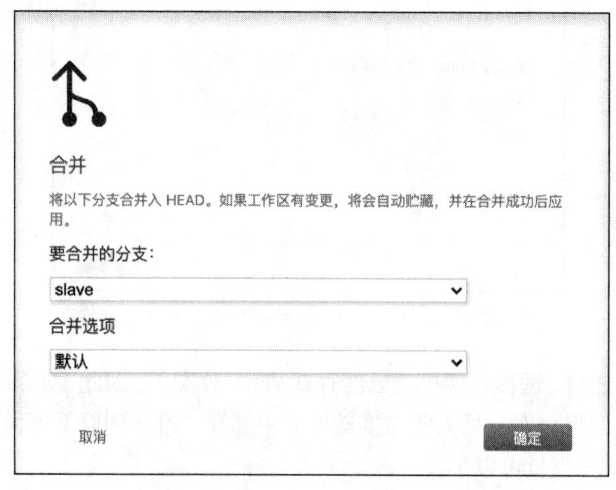

图 10-37 微信开发者工具的合并界面

在将 slave 分支合并到 master 分支之后，我们就能在 master 分支看到 branchService.js 文件了，如图 10-38 所示。为了将合并结果推送到远程仓库，我们还需要单击"推送"按钮完成推送流程。

图 10-38　合并后的 master 分支

10.9 动手做

尝试将你的项目发布到 Gitee，邀请团队成员成为仓库成员，并测试一下同步、解决冲突、撤销更改以及分支等功能。

10.10 迈出小圈子

你是否想试试自己搭建 Git 服务器？开源项目 Gitea 为我们提供了一个完整的 Git 服务器解决方案。请你访问 Gitea 的官网，阅读官方文档，并尝试利用 Gitea 自己搭建一个 Git 服务器吧！

第11章 多人协同开发的架构设计

基于第9章学习的多人协同开发编码规范，我们可以让团队成员写出风格一致的代码。基于第10章学习的源代码管理、分支开发与Git，我们可以让团队成员方便地同步彼此的工作。掌握了这些技能，我们就正式迈过了多人协同开发的门槛。

为什么只是迈过了门槛呢？让我们用“多人聊天”来类比“多人协同开发”。掌握了编码规范，就好像在一起聊天的人都说同一种语言。此时，聊天团队的成员都能理解对方话语的字面意思，不至于出现完全无法理解对方话语的情况。掌握了源代码管理、分支开发与Git，就好像在一起聊天的人都坐在一张桌子前。此时，聊天团队的成员都能听到对方的声音，不至于出现听不到或听不清的情况。

然而，仅仅满足这两个条件就能聊天了吗？我们都知道话语既有字面意思，又有深层意义。聊天团队的成员如果只能听懂对方的字面意思，却完全无法理解对方话语的深层意义，并且对方也无法理解自己话语的深层意义，则整个团队依然无法顺利地聊天。

要想顺利地聊天，团队不仅需要坐在一起说同一种语言，还需要对语言的意义建立起共同的理解。类似地，要想顺利地开展多人协同开发，团队不仅需要遵循相同的编码规范并使用相同的源代码管理系统，还需要对软件开发的灵魂（即软件的架构设计）形成共同的理解。

在本章，我们就来学习多人协同开发的架构设计。基于第6章介绍的渲染层-页面逻辑层-服务逻辑层分层架构，我们将以今日推荐页为例，探讨如何在多人协同开发的背景下确定页面逻辑层的数据与功能，并开展服务逻辑层的设计。这些设计工作将成为多人协同开发非常坚实的基础。

11.1 分层架构设计

多人协同开发的基本步骤可以概括为：

（1）根据原型设计提出涵盖渲染层、页面逻辑层以及服务逻辑层的分层架构设计；

（2）团队成员通过分工合作的方式，完成渲染层、页面逻辑层以及服务逻辑层的实现。

上述步骤（1）所提出的分层架构设计的质量将直接地影响软件的质量：如果分层架构设计出错了，软件的实现就一定是错的，也就无法实现原型设计所规划的功能。同时，如果分层架构设计未能为多人协同开发做出充分的考虑，也会导致团队成员之间难以分工合作，从而对整个开发过程造成负面的影响。

那么，如何才能提出高质量的分层架构设计呢？我们的建议是从原型设计出发，依据渲染层-页面逻辑层-服务逻辑层的顺序逐层地提出分层架构设计。接下来我们就以今日推荐页为例，探讨如何提出分层架构设计。

今日推荐页的原型设计如图 11-1 所示[1]。今日推荐页的主体内容是来自“今日诗词”的诗词推荐。为了最佳的呈现效果，我们只将被推荐的诗句、作者以及诗词出处显示了出来。单击“查看详细”按钮会导航到推荐详情页，并显示出诗词推荐的全文等信息。作为页面背景的图片来自“必应每日图片”，同时图片的版权信息显示在页面的最底端。总的来讲，来自今日诗词的诗词推荐以及来自必应每日图片的背景图片构成了今日推荐页的全部内容。

图 11-1　今日推荐页

11.2 渲染层设计

页面的原型设计与渲染层设计之间的对应关系往往比较明确。在多数情况下，我们只需要将原型设计中的视觉元素映射到渲染层的组件就可以了。基于图 11-1 所示的原型设计，我们可以识别出如下的视觉元素。

视觉元素 1：推荐的诗句，“芭蕉不展丁香结，同向春风各自愁”。
视觉元素 2：作者，“李商隐”。
视觉元素 3：出处，“代赠二首”。
视觉元素 4：“查看详细”按钮。
视觉元素 5：推荐来源，“推荐自今日诗词 `https://www.jinrishici.com`”。
视觉元素 6：图片的版权信息，“装有褐头牛鹂的蛋的旅鸫巢……”。

1 为了最佳的呈现效果，这里我们依然使用实现效果图替代了原型设计。在成熟的软件开发过程中，原型设计通常与最终的实现效果相差无几，因此我们认为这种替代并不会导致问题。

视觉元素 7：背景图片。
视觉元素 8：作为推荐诗句背景的半透明黑色框。
视觉元素 9：作为图片版权信息背景的半透明黑色框。

除了图 11-1 所示的原型设计，今日推荐页还有两个不同的界面，如图 11-2 所示。在今日推荐页已经打开，但尚未从今日诗词获得诗词推荐时，需要向用户提示“正在载入……”，如图 11-2（a）所示。当与今日诗词或必应每日图片服务器连接时发生错误，需要向用户提示错误信息，如图 11-2（b）所示。

（a）今日推荐页正在载入界面

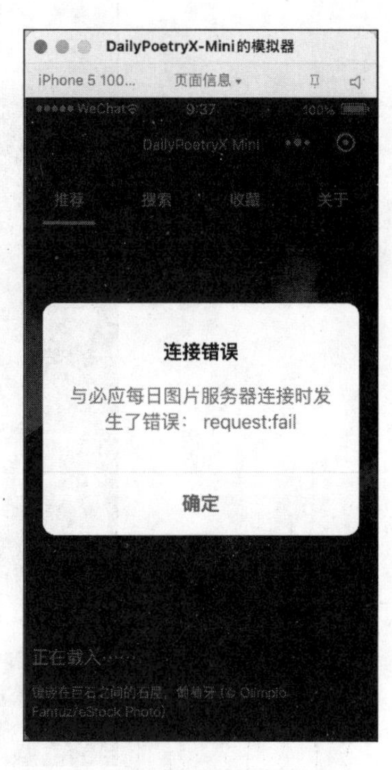

（b）今日推荐页错误提示界面

图 11-2　今日推荐页的正在载入界面与错误提示界面

基于图 11-2 所示的原型设计，我们可以进一步识别出如下的视觉元素。

视觉元素 10：正在载入提示信息，“正在载入……”。
视觉元素 11：错误信息对话框，“连接错误……”。

这里，由于视觉元素 10 可以与视觉元素 1～视觉元素 5 共用视觉元素 8 作为半透明的黑色背景框，因此我们没有为视觉元素 10 单独设计背景框。

利用第 2 章的知识，我们可以很容易地将上述视觉元素与渲染层组件对应起来，如下所示。

组件 1：`view` 组件，用于显示推荐的诗句。
组件 2：`view` 组件，用于显示作者。
组件 3：`view` 组件，用于显示出处。
组件 4：`button` 组件，用于显示“查看详细”按钮。
组件 5：`view` 组件，用于显示推荐来源。
组件 6：`view` 组件，用于显示图片的版权信息。
组件 7：`image` 组件，用于显示背景图片。

组件 8：view 组件，用于显示推荐诗句的半透明黑色背景框。
组件 9：view 组件，用于显示图片版权信息的半透明黑色背景框。
组件 10：view 组件，用于显示正在载入提示信息。

在将视觉元素与渲染层组件相对应时，我们需要注意是否存在不需要通过组件就能实现的视觉元素。在上面的对应中，我们并没有为视觉元素 11 对应渲染层组件。根据我们在 2.5 节学习的知识可知，弹出对话框并不是一个组件，而是一种功能。因此我们并不需要通过组件来实现弹出对话框。

将视觉元素与组件对应时需要注意的另一个问题是检查是否存在“不可见的视觉元素”。图 11-1 与图 11-2（a）分别展示了今日推荐页的两种不同界面，即“常规”界面与正在载入界面。在这两种界面上存在着不同的显示元素，这意味着我们需要提供一种机制来在不同的显示元素之间切换。

组件 10 用于显示正在载入提示信息，我们可以单独控制它的显示与隐藏。

组件 10：view 组件，用于显示正在载入提示信息，在正在载入界面下显示，在常规界面下隐藏。

同时，作为视图容器组件，view 组件可以用于容纳其他组件。我们只需要控制 view 组件的显示与隐藏，就可以方便地将一系列组件显示或隐藏起来。为了控制常规界面下组件的显示与隐藏，我们需要额外引入一个 view 组件。

组件 11：view 组件，用于容纳常规界面的组件，在常规界面下显示，在正在载入界面下隐藏。

类似地，推荐来源“推荐自今日诗词 https://www.jinrishici.com”只有在诗词推荐来自今日诗词时才会显示。当我们无法连接今日诗词服务器，从而不得不从诗词数据库中随机选择一首诗词作为推荐时，将不会显示“推荐自今日诗词 https://www.jinrishici.com”。这意味着组件 5 的显示是有条件的。

组件 5：view 组件，用于显示推荐来源，在推荐诗词来自今日诗词时显示，否则隐藏。

经过调整后的组件列表如下。

组件 1：view 组件，用于显示推荐的诗句。
组件 2：view 组件，用于显示作者。
组件 3：view 组件，用于显示出处。
组件 4：button 组件，用于显示“查看详细”按钮。
组件 5：view 组件，用于显示推荐来源，在推荐来自今日诗词时显示，否则隐藏。
组件 6：view 组件，用于显示图片的版权信息。
组件 7：image 组件，用于显示背景图片。
组件 8：view 组件，用于显示推荐诗句的半透明黑色背景框。
组件 9：view 组件，用于显示图片版权信息的半透明黑色背景框。
组件 10：view 组件，用于显示正在载入提示信息，在正在载入界面下显示，在常规界面下隐藏。
组件 11：view 组件，用于容纳常规界面的组件，在常规界面下显示，在正在载入界面下隐藏。

需要注意的一点是，“设计”作为一个抽象概念，在不同的场合下通常具有不同的含义。在进行交互设计时，“设计”指的可能是交互设计师绘制的交互设计图。在实现渲染层时，“设计”指的可能是渲染层开发者为实现漂亮的用户界面而编写的 WXSS 代码。而在进行分层架构设计时，“设计”指的则是不同的层各自需要实现哪些功能。在上面的设计中，我们已经指出渲染层具体需要实现哪些功能了。因此，我们已经完成了分层架构设计中渲染层的设计。

在实际的开发过程中，我们通常还需要将上述设计以标准化的“渲染层设计文档”的形式呈现出来，从而方便开发团队对文档进行存档并追踪文档版本的变化。一个简单的渲染层设计文档样例如图 11-3 所示。尽管不同的团队通常会采用形式非常不同的文档，但其目的通常是相同的。

今日推荐页渲染层设计文档
原型设计
[原型设计图]
视觉元素
（1）推荐的诗句，"芭蕉不展丁香结，同向春风各自愁"； （2）[视觉元素名称]，"[视觉元素内容]"； （3）……
组件
（1）view 组件，用于显示推荐的诗句； （2）[组件名称]，[组件的功能]； （3）……
修订记录
（1）2021 年 8 月 25 日，版本 1.0，张引：创建文档 （2）[修订日期]，[版本号]，[作者]：[修订内容] （3）……

图 11-3　渲染层设计文档样例

11.3 页面逻辑层设计

按照"渲染层-页面逻辑层-服务逻辑层"的设计顺序，在完成了渲染层的设计之后，我们来思考一下页面逻辑层的设计。页面逻辑层，即页面的 JS 文件所在的层次，负责为渲染层提供函数与变量。在 11.1 节，我们已经明确了今日推荐页的渲染层都存在哪些组件，以及每个组件的具体功能。利用这些信息，我们可以很容易地确定页面逻辑层需要为渲染层提供哪些函数与变量，如下所示。

变量 1：snippet 变量，字符串类型，保存推荐的诗句，与组件 1 相对应。
变量 2：authorName 变量，字符串类型，保存作者，与组件 2 相对应。
变量 3：title 变量，字符串类型，保存出处，与组件 3 相对应。
函数 1：showDetailButtonBindTap 函数，与"查看详细"按钮的 bindtap 属性相关联，与组件 4 相对应。
变量 4：source 变量，字符串类型，保存推荐来源，与组件 5 相对应。
变量 5：copyright 变量，字符串类型，保存图片的版权信息，与组件 6 相对应。
变量 6：url 变量，字符串类型，保存图片的地址，与组件 7 相对应。
变量 7：loading 变量，布尔类型，值为 true 时代表正在载入，应该显示正在载入界面；值为 false 时代表载入完成，应该显示常规界面，与组件 10、组件 11 相对应。

采用这种方法确定的函数与变量虽然正确，但通常不够优雅。例如，snippet、authorName 以及 title 这 3 个变量分别对应于被推荐诗词的诗句、作者以及出处，它们都与被推荐的诗词直接相关。因此，将 snippet、authorName、title 这 3 个变量封装为一个对象 todayPoetry，并将它们作为

todayPoetry 对象的成员变量显然是更优雅的做法。同时，source 变量由于说明了推荐的来源，因此可以被视为被推荐诗词的一部分，也可以被封装到 todayPoetry 对象里。类似地，url 变量与 copyright 变量都与背景图片相关，因此我们可以将它们封装为 todayImage 对象的成员变量。

基于上述分析，我们可以重构页面逻辑层的变量设计，如下所示。

变量 1：todayPoetry 变量，对象类型，保存被推荐的诗词，其结构如下。

```
{
  snippet 变量：字符串类型，保存推荐的诗句。
  authorName 变量：字符串类型，保存作者。
  title 变量：字符串类型，保存出处。
  source 变量：字符串类型，保存推荐来源。
}
```

其中，snippet 变量与组件 1 相对应，authorName 变量与组件 2 相对应，title 变量与组件 3 相对应，source 变量与组件 5 相对应。

变量 2：todayImage 变量，对象类型，保存背景图片信息，其结构为如下。

```
{
  url 变量：字符串类型，保存图片的地址。
  copyright 变量：字符串类型，保存图片的版权信息。
}
```

其中，url 变量与组件 7 相对应，copyright 变量与组件 6 相对应。

类似于我们在将视觉元素与组件对应时需要注意检查是否存在“不可见的视觉元素”，在根据组件确定页面逻辑层的函数与变量时，我们也要注意检查是否存在“不容易被注意到的函数与变量”。今日推荐页需要从今日诗词服务器及必应每日图片服务器获得诗词推荐以及背景图片。根据此前的经验，我们通常在 onLoad 函数中执行这些操作。因此，我们需要将 onLoad 函数也添加到页面逻辑层的设计中。

基于上述工作，我们可以得到重构后的页面逻辑层设计，如下所示。

变量 1：todayPoetry 变量，对象类型，保存被推荐的诗词，其结构如下。

```
{
  snippet 变量：字符串类型，保存推荐的诗句。
  authorName 变量：字符串类型，保存作者。
  title 变量：字符串类型，保存出处。
  source 变量：字符串类型，保存推荐来源。
}
```

其中，snippet 变量与组件 1 相对应，authorName 变量与组件 2 相对应，title 变量与组件 3 相对应，source 变量与组件 5 相对应。

变量 2：todayImage 变量，对象类型，保存背景图片信息，其结构如下。

```
{
  url 变量：字符串类型，保存图片的地址。
  copyright 变量：字符串类型，保存图片的版权信息。
}
```

其中，url 变量与组件 7 相对应，copyright 变量与组件 6 相对应。

变量 3：loading 变量，布尔类型，值为 true 时代表正在载入，应该显示正在载入界面；值为 false 时代表载入完成，应该显示常规界面，与组件 10、11 相对应。

函数 1：showDetailButtonBindTap 函数，与“查看详细”按钮的 bindtap 属性相关联，与组件 4 相对应。

函数 2：onLoad 函数，于页面加载时执行，从今日诗词获得诗词推荐，并从必应每日图片获得背景图片。

在完成页面逻辑层设计之后，我们通常也需要将设计转化为页面逻辑层设计文档。在一般情况下，我们可以参考图 11-2 所示的渲染层设计文档样例形成页面逻辑层设计文档。

11.4 审视相关的页面

在 11.3 节，我们基于今日推荐页的渲染层设计提出了页面逻辑层设计。按照“渲染层-页面逻辑层-服务逻辑层”的设计顺序，接下来我们应该进行服务逻辑层的设计。不过在此之前，我们需要审视一下相关的页面。

为什么我们不是直接基于今日推荐页的页面逻辑层设计提出服务逻辑层设计，而是要审视一下相关的页面呢？我们可以基于渲染层直接提出页面逻辑层设计。在微信小程序中，渲染层与页面逻辑层是一一对应的。在创建页面时，微信开发者工具会自动为我们生成一个作为渲染层的 WXML 文件，以及一个作为页面逻辑层的 JS 文件。我们无法修改页面的 WXML 文件与 JS 文件之间的对应关系，即我们不能让多个页面的 WXML 文件共用同一个 JS 文件作为页面逻辑层，也不能让一个 JS 文件对应多个 WXML 文件作为渲染层。由于一个页面逻辑层文件只为一个渲染层文件提供服务，因此我们只需要思考清楚一个页面的渲染层需要页面逻辑层为它提供哪些函数与变量就可以了，不用担心其他的页面的渲染层会对当前页面的页面逻辑层设计产生影响。

然而，页面逻辑层与服务逻辑层之间的对应关系却不是一对一的，而是多对多的。页面逻辑层的一个文件通常会引用服务逻辑层的多个文件，同时服务逻辑层的一个文件通常也会被页面逻辑层的多个文件引用。这种多对多的对应关系是有益的，它确保了我们只需要将同一种服务逻辑实现一次，就可以在所有需要使用这一服务逻辑的页面中使用它。同时，这种好处也是有代价的。我们必须精心地设计服务逻辑层，才能确保在服务逻辑层和页面逻辑层之间优雅地建立起多对多关系，而不是让一切陷入混乱之中。

由于服务逻辑层与页面逻辑层之间的对应关系是多对多的，因此我们不能只根据一个页面的页面逻辑层来设计服务逻辑层，而是必须考虑其他页面对服务逻辑层的需求。然而，同时考虑所有的页面也是不现实的，这会让问题变得过于复杂，难以控制。因此，一个可行的策略是将一组相关的页面放在一起考虑，共同考察它们对服务逻辑层的需求。

在 DPM 小程序中，与今日推荐页直接相关的页面是推荐详情页，如图 11-4（a）所示。

推荐详情页会给出在今日推荐页上显示出的诗词推荐的详情，包括诗词的出处、朝代、作者以及正文。推荐详情页上还有一个“在数据库中查找”按钮。单击这个按钮，会导航到诗词搜索页，并将诗词推荐的出处和作者作为查询条件，如图 11-4（b）所示。

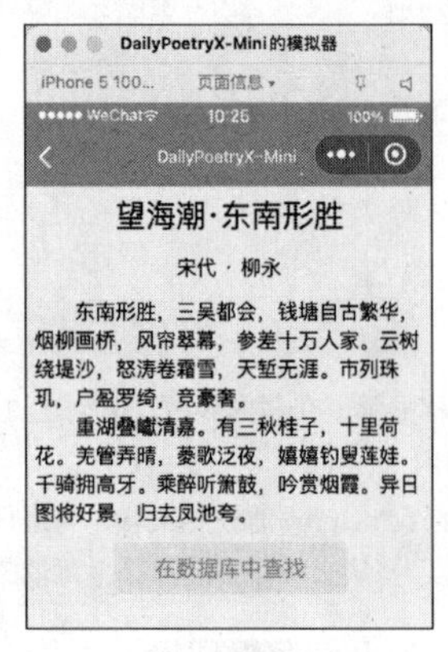

（a）推荐详情页

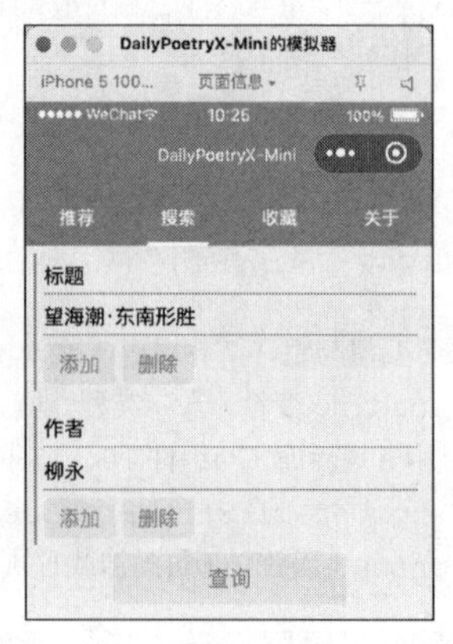

（b）诗词搜索页

图 11-4　推荐详情页与诗词搜索页

由于今日推荐页与推荐详情页相关，同时推荐详情页与诗词搜索页相关，因此应该将这 3 个页面放在一起考虑。不过，按照这种方法，会发现 DPM 小程序中所有的页面之间都是相关的。这导致我们必须同时考虑所有页面对服务逻辑层的需求，使问题过于复杂了。

为了简化问题，我们通常可以只考虑与当前页面“直接相关”的页面，而暂时忽略“间接相关”的页面。在 DPM 小程序中，与今日推荐页直接相关的页面只有推荐详情页。因此，我们只需要同时考虑今日推荐页和推荐详情页对服务逻辑层的需求就可以了。

11.5 服务逻辑层设计

今日推荐页与推荐详情页都用于显示诗词推荐，因此我们首先考虑与诗词推荐有关的服务。对比图 11-1 与图 11-4（a）可以发现，今日推荐页与推荐详情页都需要显示诗词推荐的作者和出处。此外，今日推荐页需要显示推荐的诗词与来源，推荐详情页则需要显示诗词的朝代与正文。这意味着今日推荐页与推荐详情页显示的数据并不完全相同。不过，由于这些信息都属于诗词推荐的一部分，因此我们可以考虑将它们封装在一起，如下所示。

```
{
  snippet：字符串类型，保存推荐的诗句。
  authorName：字符串类型，保存作者。
  title：字符串类型，保存出处。
  source：字符串类型，保存推荐来源。
  dynasty：字符串类型，保存朝代。
  content：字符串类型，保存正文。
}
```

上述封装可以同时满足今日推荐页与推荐详情页的需求：今日推荐页需要使用 snippet、authorName、title 以及 source 变量，而忽略 dynasty 与 content 变量；推荐详情页则需要使用 authorName、title、dynasty 以及 content 变量，而忽略 snippet 与 source 变量。因此，诗词推荐服务只需要返回类似上述的结果就可以了。

基于上述分析，我们可以得到如下形式的服务逻辑层设计。

服务 1：今日诗词服务 todayPoetryService，其具有一个函数 getTodayPoetryAsync，该函数接收一个回调函数作为参数，用于返回诗词推荐，回调函数参数的结构如下。

```
{
  snippet：字符串类型，保存推荐的诗句。
  authorName：字符串类型，保存作者。
  title：字符串类型，保存出处。
  source：字符串类型，保存推荐来源。
  dynasty：字符串类型，保存朝代。
  content：字符串类型，保存正文。
}
```

上面的设计将 getTodayPoetryAsync 函数设计为接收回调函数作为参数，是由于我们已经知道访问 Web 服务得到的返回值必须通过回调函数进行传递。

与设计页面逻辑层时需要注意“不容易被注意到的函数与变量”类似，在设计服务逻辑层时，也需要注意检查是否存在“不容易被注意到的服务逻辑”。下面就通过两个例子来说明这些不容易被注意到的服务逻辑。

今日推荐页需要一个服务来提供背景图片。由于只有今日推荐页需要这个服务，因此它的设计比较简单，如下所示。

服务 2：今日图片服务 `todayImageService`，其具有一个函数 `getTodayImageSync`，该函数接收一个回调函数作为参数，用于返回背景图片，回调函数参数的结构如下。

```
{
  url：字符串类型，保存图片的地址。
  copyright：字符串类型，保存图片的版权信息。
}
```

然而事实果真如看起来那样简单吗？在载入诗词推荐时，由于访问今日诗词服务器需要一定的时间，因此我们可以向用户提示“正在载入……”，并在获得诗词推荐之后再将推荐的诗句显示出来。但对于用于显示背景图片的 todayImageService 来讲，如果它不能马上为我们返回背景图片，那么小程序上就会显示出一片空白，这对用户体验的影响就太大了。

为了给用户带来更佳的体验，我们需要优化 todayImageService 返回背景图片的逻辑。我们要求 todayImageService 提供两个函数。一个函数在被调用之后会立刻返回背景图片。这张背景图片未必是必应每日图片服务提供的最新的背景图片，但必须能做到即刻返回，从而尽快为用户显示一张背景图片。另一个函数在被调用之后会访问必应每日图片服务，检查背景图片是否更新。如果背景图片更新，再将更新后的背景图片返回。

服务 2：今日图片服务 `todayImageService`，其具有函数 `getTodayImageSync`，用于返回背景图片，其结构如下。

```
{
  url：字符串类型，保存图片的地址。
  copyright：字符串类型，保存图片的版权信息。
}
```

`todayImageService` 还具有函数 `checkUpdateAsync`，该函数接收一个回调函数作为参数，用于检查背景图片是否有更新，回调函数参数的结构如下。

```
{
  hasUpdate：布尔类型，背景图片是否有更新。
  todayImage：对象类型，更新后的背景图片，其结构如下。
  {
    url：字符串类型，保存图片的地址。
    copyright：字符串类型，保存图片的版权信息。
  }
}
```

这样一来，今日推荐页就可以首先调用 todayImageService 的 getTodayImageSync 函数获得并显示背景图片，再调用 checkUpdateAsync 函数检查背景图片是否更新。如果更新，再更新显示背景图片就可以了。

最后，我们需要从今日推荐页导航到推荐详情页，因此还需要一个导航服务来执行导航操作。在使用导航服务时，我们需要使用一个参数来指定目标页面，这里，我们使用一个字符串来指定目标页面。函数的执行结果是导航到目标页面。

服务 3：导航服务 `navigationService`，其具有一个函数 `navigateTo`，该函数接收一个字符串类型的参数来指定目标页面，并会导航到目标页面。

表面上来看，我们已经完成了与今日推荐页及推荐详情页有关的服务逻辑层设计。然而，我们却还忽视了一个问题：推荐详情页从哪里获得诗词推荐呢？如果推荐详情页从 todayPoetryService 那里获得诗词推荐，则会导致 todayPoetryService 再次访问今日诗词服务器，并重新获得一首诗词推荐。这就带来了一个问题：今日推荐页与推荐详情页上显示的不是同一首诗词。

为了让推荐详情页显示出与今日推荐页相同的诗词，推荐详情页就不能从 todayPoetryService 那里获得诗词推荐，而是需要今日推荐页将诗词推荐以参数的形式传递给推荐详情页。因此，我们需要修改 navigationService 的设计，修改后如下。

服务 3：导航服务 navigationService，其具有一个函数 navigateTo，该函数接收一个字符串类型的参数来指定目标页面，并接收一个对象类型的参数作为导航参数。navigateTo 函数会导航到目标页面，并将导航参数传递给目标页面。

这样一来，我们才完成了服务逻辑层的设计，如下所示。

服务 1：今日诗词服务 todayPoetryService，其具有一个函数 getTodayPoetryAsync，该函数接收一个回调函数作为参数，用于返回诗词推荐，其结构如下。

```
{
  snippet：字符串类型，保存推荐的诗句。
  authorName：字符串类型，保存作者。
  title：字符串类型，保存出处。
  source：字符串类型，保存推荐来源。
  dynasty：字符串类型，保存朝代。
  content：字符串类型，保存正文。
}
```

服务 2：今日图片服务 todayImageService，其具有函数 getTodayImageSync，用于返回背景图片，其结构如下。

```
{
  url：字符串类型，保存图片的地址；
  copyright：字符串类型，保存图片的版权信息。
}
```

todayImageService 还具有函数 checkUpdateAsync，该函数接收一个回调函数作为参数，用于检查背景图片是否有更新，其结构如下。

```
{
  hasUpdate：布尔类型，背景图片是否有更新。
  todayImage：对象类型，更新后的背景图片，其结构如下。
  {
    url：字符串类型，保存图片的地址。
    copyright：字符串类型，保存图片的版权信息。
  }
}
```

服务 3：导航服务 navigationService，其具有一个函数 navigateTo，该函数接收一个字符串类型的参数来指定目标页面，并接收一个对象类型的参数作为导航参数。navigateTo 函数会导航到目标页面，并将参数传递给目标页面。

11.6 动手做

在我们的设计中，服务逻辑层设计的结果是一系列服务对象，包括 todayPoetryService、todayImageService 以及 navigationService 等，而不是传统面向对象设计中所采用的服务类或接口。即便如此，我们依然可以借用软件工程类课程中学习过的“类图”来呈现服务逻辑层设计。请尝试使用类图来呈现 todayPoetryService、todayImageService 以及 navigationService 的设计。

11.7 迈出小圈子

服务逻辑层的设计也需要遵循命名规范。假设我们使用的是 C#语言，请参考微软公司提供的《C#编码规范》，为 todayPoetryService、todayImageService 以及 navigationService 及其函数与参数重新命名。

第12章 多人协同开发实战

在第9章～第11章的学习中，我们已经了解了多人协同开发的编码规范，学习了多人协同开发所需要的源代码管理与分支开发工具，并掌握了多人协同开发的架构设计。在本章中，我们就来学习多人协同开发。我们会依据第9章介绍的编码规范，采用第10章的源代码管理与分支开发方法，实现第11章提出的架构设计。同时，我们还会学习一系列的架构设计实现技术。

与提出架构设计时需要遵循“渲染层-页面逻辑层-服务逻辑层”的顺序不同，在实现架构设计时并不需要遵循特定的顺序。这是由于一旦我们提出了面向多人协同开发的架构设计，团队成员就可以各自开始工作，从而并行地实现代码了。不过，由于书中无法呈现这种并行实现代码的效果，我们会按照“渲染层-页面逻辑层-服务逻辑层”的顺序来呈现架构的实现过程。在实际开发过程中，我们可以根据需要，按照任意的顺序来实现架构设计。

12.1 今日推荐页的渲染层实现

12.1.1 创建今日推荐页

要了解如何创建今日推荐页，请访问右侧二维码。

创建今日推荐页

在开始实现今日推荐页之前，我们首先需要创建今日推荐页。我们在pages文件夹下创建today文件夹，并在today文件夹中创建today页面。创建好今日推荐页之后，我们还需要提交更改并将更改推送到master分支，从而确保团队成员都能看到今日推荐页的相关文件，如图12-1所示。

图12-1 提交今日推荐页更改

12.1.2 创建渲染层分支

要了解如何创建渲染层分支，请访问右侧二维码。

创建渲染层分支

接下来，我们基于 master 分支创建 todayPageView 分支，如图 12-2 所示。我们将在 todayPageView 分支中实现今日推荐页的渲染层，同时在其他的分支中分别实现页面逻辑层与服务逻辑层，最终将所有分支中的变更合并到 master 分支。

图 12-2 创建 todayPageView 分支

在创建 todayPageView 分支之后，我们还需要检出 todayPageView 分支，如图 12-3 所示，从而确保我们对今日推荐页渲染层的修改都发生在 todayPageView 分支上。

图 12-3 检出 todayPageView 分支

为了方便测试今日推荐页渲染层的效果，我们还要将今日推荐页设为微信小程序的首页：

```
// app.json
{
  "pages": [
    "pages/today/today",
    ...
```

依据 11.2 节的渲染层设计，我们可以给出如下所示的渲染层实现：

```
<!-- today.wxml -->
1   <image src="{{ todayImage.url }}"
2     class="todayImage"
3     mode="aspectFill" />
4   <view class="todayPoetry">
5     <view wx:if="{{ loading }}" class="todayPoetryData">
```

```
6          正在载入……
7        </view>
8        <view wx:if="{{ !loading }}">
9          <view class="todayPoetryData todayPoetrySnippet">
10           柳暗花明春事深 <!-- TODO Delete -->
11           {{ todayPoetry.snippet }}
12         </view>
13         <view class="todayPoetryData">
14           章良能 <!-- TODO Delete -->
15           {{ todayPoetry.authorName }}
16         </view>
17         <view class="todayPoetryData">
18           小重山 <!-- TODO Delete -->
19           {{ todayPoetry.name }}
20         </view>
21         <view class="todayPoetryData">
22           <button size="mini"
23             class="todayPoetryDetailButton"
24             bindtap="showDetailButtonBindTap">
25             查看详细
26           </button>
27         </view>
28         <view
29           wx:if="{{ todayPoetry.source == 'JINRISHICI' }}"
30           class="todayPoetryData todayPageMeta">
31           推荐自今日诗词
32           https://www.jinrishici.com
33         </view>
34       </view>
35       <view class="todayImageData todayPageMeta">
36         背景图片版权信息 Copyright 2021 <!-- TODO Delete -->
37         {{ todayImage.copyright }}
38       </view>
39     </view>
```

其中，第 1 行的 image 组件对应于组件 7，用于显示背景图片。背景图片要显示在其他组件的下层，为了实现这一效果，我们需要结合 WXSS 从而使用绝对布局来布局组件。

12.1.3 绝对布局

要了解如何使用绝对布局，请访问右侧二维码。

使用绝对布局

在使用绝对布局时，WXML 文件中先定义的组件会显示在下层，后定义的组件则会显示在先定义的组件的上层，并呈现出覆盖在先定义的组件上的效果。如果我们采用绝对布局定义两个宽度和高度为 200rpx 的 view 组件，并且第二个 view 组件距离页面顶端与左侧的距离都是 50rpx：

```
<!-- index.wxml, the AbsoluteLayout project -->
<view style="position: absolute; width: 200rpx; height: 200rpx;
background-color: gray;"></view>
<view style="position: absolute; width: 200rpx; height: 200rpx; left: 50rpx; top: 50rpx;
background-color: black;"></view>
```

则第二个 view 组件会覆盖在第一个 view 组件的上层，如图 12-4 所示。正是利用了绝对布局的这种特性，我们首先在 today.wxml 文件的第 1 行定义用于显示背景图片的 image 组件，再在 image 组件之后定义其他组件。这样一来，image 组件就会成为其他组件的背景图片，其他组件就会显示在背景图片之上了。

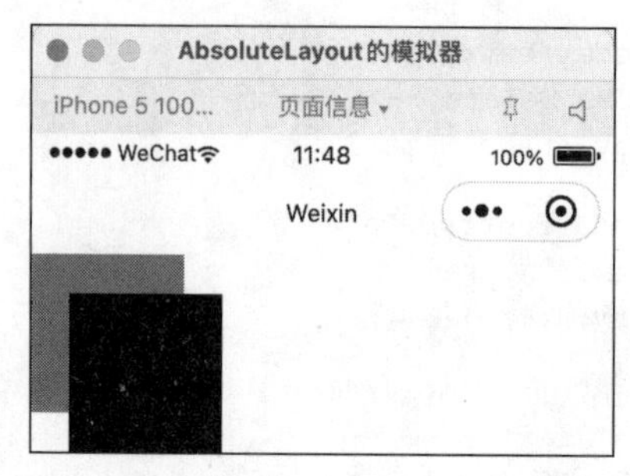

图 12-4　使用绝对布局来布局控件

12.1.4　image 组件的剪裁与缩放模式

在 today.wxml 文件的第 3 行，我们将 image 组件的 mode 属性设置为 aspectFill。mode 属性用于设置 image 组件的剪裁与缩放模式。aspectFill 模式会确保图片能够填满可用的空间，同时依然保持图片原始的长宽比例。这样一来，我们既能确保背景图片填满屏幕，又能确保背景图片不被拉伸，从而确保最佳的显示效果。

除了 aspectFill 之外，mode 属性的另一个常用的取值是 aspectFit。aspectFit 模式会按比例缩放图片，确保图片的长边能够被完整地显示出来。

关于 mode 属性的其他取值，请访问微信官方文档。

12.1.5　条件渲染

要了解如何使用条件渲染，请访问右侧二维码。

条件渲染

在 today.wxml 文件的第 5 行和第 8 行我们使用了 wx:if 属性，即微信小程序的“条件渲染”功能。在 wx:if 属性中，我们可以使用简单的 JavaScript 表达式。如果表达式的值为真，则组件会被正常地渲染。如果表达式的值为假，则组件不会被渲染。以下列代码为例：

```
<!-- index.wxml, the ConditionalRendering project -->
<view wx:if="{{ intValue == 20 }}">View 1</view>
<view wx:if="{{ stringValue == 'Hello' }}">View 2</view>
<view wx:if="{{ boolValue }}">View 3</view>

// index.js
Page({
```

```
  data: {
    intValue: 20,
    stringValue: "hello",
    boolValue: true
  }
})
```

上述的表达式中 intValue == 20 的值为真，stringValue == 'Hello'的值为假，boolValue 的值为真，因此 View 1 与 View 3 会被正常地渲染，View 2 则不会被渲染。

回到 today.wxml 文件的第 5 行和第 8 行。由于 loading 变量（即页面逻辑层设计的变量 7）为布尔类型，因此 wx:if="{{ loading }}"使第 5 行的 view 组件在正在载入时显示，在载入完成时隐藏，而 wx:if="{{ !loading }}"使第 8 行的 view 组件在正在载入时隐藏，在载入完成时显示。这样就实现了正在载入界面与常规界面之间的切换。类似地，第 29 行也通过条件渲染实现在推荐来源为今日诗词时显示“推荐自今日诗词……”。

12.1.6 设计时数据

要了解如何使用设计时数据，请访问右侧二维码。

设计时数据

由于我们还没有实现页面逻辑层，因此今日推荐页上所有的数据绑定都还无法工作。这带来了一个问题：没有数据就无法预览渲染层的实现效果，也就无法确定渲染层实现是否正确。要解决这一问题，我们可以在渲染层中添加一些设计时数据（design time data）。

today.wxml 文件第 10 行的“柳暗花明春事深 <!-- TODO Delete -->”就是我们添加的设计时数据。这些设计时数据只在页面逻辑层无法正常工作时才有价值。在页面逻辑层能够正常工作之后，我们需要删除设计时数据。正因如此，我们才添加了“TODO Delete” 注释以提醒我们删除这些设计时数据。

“设计时数据”是设计及实现用户界面时经常使用的一种概念和技术。设计时数据中的“设计”（design）指的是程序尚处在设计和开发阶段，是相对于已经开发完成，可以正常运行（run）的程序而言的。因此，设计时数据中的“设计”与架构设计中的“设计”并不相同。前者指的是程序的设计开发阶段，后者指的则是程序所应该具有的组件、函数、变量以及功能等。

利用设计时数据，我们就可以完成 WXSS 文件的编写：

```
/* today.wxss, the DPM project */
.todayImage {
  position: absolute;
  height: 100%;
  width: 100%;
  z-index: -1;
}

.todayPoetry {
  position: absolute;
  bottom: 0px;
  background-color: #00000066;
  width: 100%;
```

```
    color: #fff;
  }

  .todayPoetrySnippet {
    font-size: x-large;
  }

  .todayPoetryData {
    padding: 16rpx;
  }

  .todayPoetryDetailButton {
    font-weight: normal;
    background-color: #ffffff99;
  }

  .todayPageMeta {
    font-size: x-small;
  }

  .todayImageData {
    background-color: #00000066;
    padding: 16rpx;
    padding-bottom: 40rpx;
  }
```

依赖设计时数据的今日推荐页的运行效果如图 12-5 所示。可以看到设计时数据能够很好地帮助我们预览渲染层的实现效果。

图 12-5　添加了 WXSS 的今日推荐页

12.1.7　提交并推送渲染层分支

要了解如何提交并推送渲染层分支，请访问右侧二维码。

提交并推送
渲染层分支

在完成了渲染层分支的开发之后，我们需要提交更改并将 todayPageView 分支推送到远程仓库，如图 12-6 所示。在首次将 todayPageView 分支推送到远程仓库时，我们需要在远程仓库上创建 todayPageView 分支。在完成首次推送之后，后续的更改就可以直接推送到远程仓库的 todayPageView 分支了。

图 12-6　将 todayPageView 分支推送到远程仓库

12.2 今日推荐页的页面逻辑层实现

12.2.1　创建页面逻辑层分支

要了解如何创建页面逻辑层分支，请访问右侧二维码。

创建页面逻辑层分支

与我们在 todayPageView 分支中进行今日推荐页渲染层开发类似，我们也在专门的分支中进行今日推荐页页面逻辑层的开发。为此，我们基于 master 分支创建 todayPageLogic 分支，并检出 todayPageLogic 分支。需要注意的一点是，在检出 todayPageLogic 分支前，我们需要将已经进行的更改提交到 todayPageView 分支。如果存在未提交的更改，将无法检出 todayPageLogic 分支。

在检出 todayPageLogic 分支后可以发现 today.wxml 文件中的内容尚处于原始状态：

```
<!-- today.wxml, the todayPageLogic branch -->
<!--pages/today/today.wxml-->
<text>pages/today/today.wxml</text>
```

这是由于我们此前对 today.wxml 文件的修改都提交到了 todayPageView 分支中，并且更改还没有合并到 master 分支中。而由于 todayPageLogic 分支创建自 master 分支，因此它尚不具有对 today.wxml 文件的修改权限。

12.2.2 创建函数与变量

要了解如何创建函数与变量，请访问右侧二维码。

创建函数与变量

依据 11.3 节的页面逻辑层设计，我们可以在 today.js 文件中创建对应的变量和函数。首先是 todayPoetry、todayImage 以及 loading 变量：

```
data: {
  // 今日诗词。
  todayPoetry: null,

  // 今日图片。
  todayImage: null,

  // 正在载入。
  loading: false
},
```

接下来是 showDetailButtonBindTap 与 onLoad 函数：

```
showDetailButtonBindTap: function () {
}

/**
 * 生命周期函数—监听页面加载
 */
onLoad: function (options) {
}
```

依据 11.5 节的服务逻辑层设计，我们知道今日推荐页的页面逻辑层依赖于 todayPoetryService、todayImageService 以及 navigationService 这 3 个服务。我们也将这些服务定义为变量。需要注意的一点是，服务里包含的文件都还没有创建，因此下列代码也不能执行。

```
var todayPage = null;

// 今日图片服务。
var _todayImageService = require(
  "../../services/todayImageService.js");

// 今日诗词服务。
var _todayPoetryService = require(
  "../../services/todayPoetryService.js");

// 导航服务。
var _navigationService = require(
  "../../services/navigationService.js");
```

```
Page({
  ...
```

这样一来，我们就完成了函数与变量的创建。

12.2.3 实现 showDetailButtonBindTap 函数

要了解如何实现 showDetailButtonBindTap 函数，请访问右侧二维码。

实现 showDetail-ButtonBindTap 函数

我们首先实现showDetailButtonBindTap函数。依据11.3节的页面逻辑层设计，showDetailButtonBindTap函数与“查看详细”按钮的bindtap属性相关联。当用户单击“查看详细”按钮时，微信小程序需要导航到推荐详情页，并将推荐的诗词作为导航参数传递给推荐详情页。

依据 11.5 节的服务逻辑层设计，页面导航需要调用 navigationService 的 navigateTo 函数，接收一个字符串参数来指定目标页面，并接收一个导航参数。这里，导航参数就是推荐的诗词，即 todayPoetry 变量。现在的问题是，我们如何确定用于指定推荐详情页的字符串参数？

事实上，我们现在还无法确定使用哪个字符串来指定推荐详情页。作为一个可行的解决方案，我们在 navigationService 中添加一个字符串，并约定使用这个字符串来唯一地指定推荐详情页。因此，我们需要修改服务逻辑层的设计：

服务 3：导航服务 navigationService，其具有一个函数 navigateTo，该函数接收一个字符串类型的参数来指定目标页面，并接收一个对象类型的参数作为导航参数。navigateTo 函数会导航到目标页面，并将导航参数传递给目标页面。

navigationService 提供一个字符串类型的变量 todayDetailPage，它的值唯一地代表了推荐详情页。

基于修改后的设计，我们就能实现 showDetailButtonBindTap 函数了：

```
showDetailButtonBindTap: function () {
  _navigationService.navigateTo(
    _navigationService.todayDetailPage,
    this.data.todayPoetry);
},
```

在上面的代码中，我们调用 navigationService 的 navigateTo 函数，并使用 navigationService 的 todayDetailPage 变量指明我们需要导航到推荐详情页，再将 todayPoetry 作为参数传递给推荐详情页。

12.2.4 实现 onLoad 函数

要了解如何实现 onLoad 函数，请访问右侧二维码。

实现 onLoad 函数

接下来我们实现 onLoad 函数。我们首先需要将 this 保存到 todayPage 变量：

```
onLoad: function (options) {
  todayPage = this;
  ...
}
```

接下来，我们将 loading 变量设置为 true，显示正在载入界面：

```
todayPage = this;

this.setData({
  loading: true
});
```

为了确保最佳的用户体验，我们首先需要显示背景图片。依据 11.5 节的服务逻辑层设计，在获取背景图片时，我们需要调用 todayImageService 的 getTodayImageSync 函数。getTodayImageSync 函数会返回一张背景图片：

```
  loading: true
});

this.setData({
  todayImage: _todayImageService.getTodayImageSync()
});
```

在得到背景图片后，我们调用 todayPoetryService 的 getTodayPoetryAsync 函数获得诗词推荐，并将界面切换为常规界面：

```
  todayImage: _todayImageService.getTodayImageSync()
});

_todayPoetryService.getTodayPoetryAsync(
  function (todayPoetry) {
    todayPage.setData({
      todayPoetry: todayPoetry,
      loading: false
    });
  });
```

最后，我们调用 todayImageService 的 checkUpdateAsync 函数检查背景图片是否更新。如果更新，我们就显示更新后的背景图片：

```
    });
  });

_todayImageService.checkUpdateAsync(
  function (todayImageServiceCheckUpdateResult) {
    if (todayImageServiceCheckUpdateResult.hasUpdate) {
      todayPage.setData({
        todayImage: todayImageServiceCheckUpdateResult
          .todayImage
      });
    }
  });
},
...
```

这样一来，我们就完成了今日推荐页页面逻辑层的开发。完成编码工作之后，我们还需要提交更改，并将分支推送到远程仓库。

12.3 动手做

（1）在分支开发时，我们经常会在错误的分支上修改代码。例如，我们可能需要修改页面逻辑层的 JavaScript 代码，却不小心检出渲染层分支，并修改渲染层分支上的 JavaScript 代码。这时，我们就可以利用“贮藏”功能，将更改贮藏起来，等到检出正确的分支，再应用贮藏。请你在自己的仓库中测试贮藏功能。

（2）截至目前，我们还没有完成服务逻辑层的开发工作，因此我们的页面逻辑层并不能运行，也就无法确定我们编写的代码是否正确。要想测试页面逻辑层代码，一个可行的方案是先编写一些“假的”服务逻辑层服务实现。例如，我们可以编写一个假的 navigationService：

```
// navigationService.js
// 内容导航服务。
var navigationService = {
  todayDetailPage: "/pages/todayDetail/todayDetail",

  navigateToAsync: function (pageKey, parameter) {
    console.log(
      "navigateToAsync: " + pageKey + ", " + parameter);
  },
}

module.exports = navigationService;
```

请你尝试为 todayPoetryService 以及 todayImageService 编写一些假的实现。

（3）请尝试调用上述假的服务逻辑层服务实现，结合 console.log 测试今日推荐页的页面逻辑层是否能够正常地工作。

12.4 迈出小圈子

在使用 C#等语言开发应用时，我们通常会将服务逻辑层定义为接口（interface），再使用 mocking 工具（如 moq）来模仿尚未实现的服务逻辑。请结合 moq 的文档学习如何模仿接口。

第13章 构建稳健的Web服务客户端

在第12章，我们实现了今日推荐页的渲染层与页面逻辑层的构建。在接下来的章节中，我们将探讨如何实现今日推荐页的服务逻辑层的构建。我们最先探讨的话题是如何构建稳定的Web服务客户端。

在5.4节，我们已经探讨了如何使用微信小程序访问Web服务。在本章中，我们将探讨使用现有方法访问Web服务时可能会遇到的一系列问题，以及如何解决这些问题。我们还将学习如何在Web服务彻底失效时准备一套备份方案，从而确保我们的小程序能够正常地运行。

13.1 Web服务的访问错误

要了解Web服务的访问错误，请访问右侧二维码。

Web服务的访问错误

我们在访问Web服务时总会遇到各种各样的问题。一种常见的情况是，Web服务修改了资源的路径，导致我们无法使用原有的地址访问 Web 服务了。以下面的代码为例，我们会访问https://v2.jinrishici.com/notFound，而这一路径并不存在：

```
// exception.js, the WebServiceException project
notFoundButtonBindTap: function () {
  wx.request({
    url: 'https://v2.jinrishici.com/notFound',
    success: function (response) {
      console.log(response);
    }
  })
},
```

上述代码执行后，“Console”中会输出如下信息：

```
GET https://v2.jinrishici.com/notFound 404 (Not Found)(env: macOS,mp,1.05.2108130;
lib: 2.14.1)

{data: {...}, header: {...}, statusCode: 404, cookies: Array(1), errMsg: "request:ok"}
```

上述第一组信息是微信开发者工具输出的，表明系统无法找到提供的路径。其中的404就是我们平时使用浏览器遇到无法找到的路径时会返回并提示的错误码。第二组信息则是 console.log 函数输出的。可以看到 statusCode 的值同样是 404，代表无法找到路径。如果我们展开 data：

```
data: {status: "error", statusCode: 404, errCode: 1002, errMessage: "接口不存在", time:
"2021-09-06T11:24:27.557375"}
```

可以看到 data 中不再是 Web 服务返回的数据，而是错误信息。

> 上述 statusCode 的值实际上是“HTTP 状态码”。如果你不知道什么是 HTTP（hypertext transfer protocol，超文本传输协议）状态码，可以使用任意一个搜索引擎搜索“HTTP 状态码”，并了解常见的 HTTP 状态码（如 200、401、403、404 以及 500）各自代表什么意思。

有趣的一点是，在调用 wx.request 函数时，我们提供了一个 success 回调函数，用于接收 Web 服务返回的值：

```
wx.request({
  ...
  success: function (response) {
    ...
```

“Success”是“成功”的意思。不过，通过上面的例子可以看到，即便遇到了类似于 404 这样的错误，微信小程序依然会调用 success 回调函数。这意味着微信小程序只要正常地与 Web 服务器通信了，则无论是否正确地获得了返回值，都会调用 success 回调函数。

事实上，除了调用 success 回调函数，wx.request 函数也会调用 fail 回调函数。不过，只有在微信小程序无法与 Web 服务器通信时，才会调用 fail 函数：

```
// exception.js, the WebServiceException project
noConnectionButtonBindTap: function () {
  wx.request({
    url: 'https://v2.jinrishici.com/noConnection',
    ...
    fail: function (response) {
      console.log("Fail:");
      console.log(response);
    }
  })
},
```

如果我们切断电脑的网络连接之后再执行上述代码[1]，则会看到“Console”中输出如下信息：

```
VM62 asdebug.js:1 GET https://v2.jinrishici.com/noConnection net::ERR_NAME_NOT_
RESOLVED(env: macOS,mp,1.05.2108130; lib: 2.14.1)

Fail:
{errMsg: "request:fail "}
```

上述第一组信息依然是微信开发者工具输出的，第二组信息则是 fail 回调函数输出的。

通过上述实例可以知道，我们在使用 wx.request 函数访问 Web 服务时会遇到两种类型的错误，如下所示。

（1）微信小程序无法与 Web 服务器通信，此时会调用 fail 回调函数。

（2）微信小程序可以与 Web 服务器通信，但无法正确地获得返回值，此时会调用 success 回调函数。我们需要结合 successCode 进一步判断发生了什么错误。

接下来我们就探讨如何处理这两种类型的错误。

1 必要时可以在切断网络之后重新启动微信开发者工具。

13.2 警告服务

在处理包括 Web 服务访问错误在内的各类型错误时，我们经常需要向用户提示错误信息。在 2.5 节，我们学习了使用 wx.showModal 函数来弹出模态对话框并向用户提示信息。在处理 Web 服务访问错误时，我们可以直接在 success 或 fail 回调函数中调用 wx.showModal 函数。不过，正如我们在 2.5 节探讨的那样，模态对话框是一种很扰人的提示信息的方法，因此尽管我们暂时选择使用 wx.showModal 函数向用户提示信息，在未来的开发中，我们很可能会将其替换成其他的方法。

这就导致了一个问题。如果我们直接在 success 或 fail 回调函数中调用 wx.showModal 函数，一旦我们需要换用其他方法来向用户提示信息，就需要修改所有对 wx.showModal 函数的调用。那么，如何才能更好地应对这种已经能够预期发生的变化呢？我们给出的解决方案是，将提示错误信息的业务单独封装为一个警告服务，即 alertService。

要了解如何实现警告服务，请访问右侧二维码。

实现警告服务

为了简化学习过程，我们采用 10.8 节的方法创建 todayPageServices 分支，并在 todayPageServices 分支中完成所有服务逻辑层的开发工作。alertService 的实现并不复杂：

```
// alertService.js, the Dpm project
// 警告服务。
module.exports = {
  // 显示警告。
  // title: 标题，字符串类型。
  // message: 信息正文，字符串类型。
  // button: 按钮文字，字符串类型。
  showAlert: function(title, message, button) {
    wx.showModal({
      title: title,
      content: message,
      confirmText: button,
      showCancel: false
    });
  }
};
```

alertService 提供了一个 showAlert 函数，其接收警告信息的标题、正文以及按钮文字作为参数。这些参数会被用于调用 wx.showModal 函数。同时，由于警告信息仅供用户确认，并不需要提供“取消”按钮，因此我们将 showCancel 设置为 false。这样一来，用户就能获得如图 13-1 所示的警告信息了。

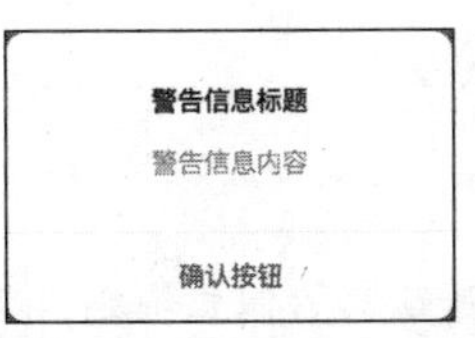

图 13-1　警告服务弹出的对话框

利用警告服务，我们就可以方便地向用户提示信息了。如果我们决定不再使用模态对话框来向用户提示信息，则只需要修改警告服务，并不需要修改调用警告服务的代码。通过这种方法，我们实现了面向对象设计核心的理念：封装变化。

我们在 DPM 项目中处理的错误主要是访问 Web 服务时出现的各种 HTTP 错误。为了方便生成错误信息，我们创建了一个工具对象 errorMessage，它位于 util 文件夹下：

```
// errorMessage.js
// 错误信息。
module.exports = {
    // HTTP 错误标题。
    HTTP_ERROR_TITLE: "连接错误",

    // HTTP 错误按钮。
    HTTP_ERROR_BUTTON: "确定",

    // 获得 HTTP 错误信息。
    // server: 服务器，字符串类型。
    // message: 错误信息，字符串类型。
    HttpErrorMessage: function(server, message) {
        return "与" + server + "连接时发生了错误：\r\n" + message;
    }
};
```

利用 errorMessage，我们就可以通过 HTTP_ERROR_TITLE 以及 HTTP_ERROR_BUTTON 获得警告信息的标题以及按钮文字，并通过 HttpErrorMessage 函数结合服务器与错误信息参数生成警告信息内容。

13.3 获取访问 Token

今日诗词 Web 服务的文档中有着如下的记述。

> 调用本接口，您需要注意如下事项。
>
> （1）对于每一个用户第一次访问，先获取 Token，然后存到 Storage 里面。（Storage 表示一些长效的存储机制，如 localStorage，您不应该存储到运行内存中。）
>
> （2）之后每一次接口调用，把 Token 从 Storage 里面取出来。
>
> （3）使用附带 Token 的接口，发送附带 Token 的请求。

这意味着要访问今日诗词 Web 服务，我们首先需要获得 Token。我们在 5.4 节介绍如何在微信小程序中访问 Web 服务时使用的例子，就是用于获取今日诗词 Token 的 Web 服务。现在，我们需要结合 13.1 节介绍的访问 Web 服务时可能遇到的错误，以及 13.2 节构建的警告服务来稳健地获取今日诗词 Token。

要了解如何获取访问 Token，请访问右侧二维码。

获取访问 Token

首先，我们需要准备用于提示错误信息的警告服务、用于生成错误信息的 errorMessage，以及生成错误信息时需要的服务器名称参数：

```
// todayPoetryService.js
// 今日诗词服务。
var todayPoetryService = {
  // 警告服务。
  _alertService: require("alertService.js"),

  // 错误信息。
  _errorMessage: require("../util/errorMessage.js"),

  // 今日诗词服务器。
  Server: "今日诗词服务器",
}

module.exports = todayPoetryService;
```

根据 13.1 节的内容，我们在微信小程序无法与 Web 服务器通信，以及能够通信但无法正确地获得返回值时都需要向用户提示错误信息。为了方便提示错误信息，我们准备一个 showAlert 函数：

```
Server: "今日诗词服务器",

// 显示错误信息。
// message：错误信息，字符串类型。
showAlert: function (message) {
  todayPoetryService._alertService.showAlert(
    todayPoetryService._errorMessage.HTTP_ERROR_TITLE,
    todayPoetryService._errorMessage.HttpErrorMessage(
      todayPoetryService.Server, message),
    todayPoetryService._errorMessage.HTTP_ERROR_BUTTON);
}
...
```

showAlert 函数会自动将错误信息参数与 errorMessage 相结合，并调用 alertService 的 showAlert 函数。最后，我们在 getTokenAsync 函数中获得 Token：

```
Server: "今日诗词服务器",

// 获得今日诗词 Token。
// callback：回调函数，接收一个 Token 字符串参数
getTokenAsync: function (callback) {
  wx.request({
    url: "https://v2.jinrishici.com/token",
    fail: function (response) {
      todayPoetryService.showAlert(response.errMsg);
      callback("");
```

```
        return;
      },
      success: function (response) {
        if (response.statusCode != 200) {
          todayPoetryService.showAlert(
            "服务器返回了" + response.statusCode + "错误。");
          callback("");
          return;
        }

        callback(response.data.data);
        return;
      }
    })
  },
  ...
```

getTokenAsync 函数只有在 statusCode 为 200 时才将 Token（也就是 response.data.data）传递给回调函数。这是由于 200 状态码代表着“OK”。只有当 statusCode 为 200 时，微信小程序才能从 Web 服务器正确地获得返回值。除此之外的所有情况，微信小程序都无法正确地获得返回值，需要向用户提示错误信息。

现在我们已经能够稳健地获得 Token 了。不过，根据今日诗词 Web 服务的文档，我们还需要准备 Storage，并将 Token 保存到 Storage 中。我们将在 13.4 节和 13.5 节介绍这些内容。

13.4 偏好存储

要了解如何实现偏好存储，请访问右侧二维码。

实现偏好存储

在 5.2 节，我们学习了如何使用数据缓存来保存零星的数据。由于访问 Token 只有一个，因此它正是零星的数据。我们可以使用数据缓存作为 Storage 来保存访问 Token。在 13.2 节，我们将 wx.showModal 函数封装为警告服务。为了保持一致，同时也为了稍微改变数据缓存的使用方法，我们将数据缓存封装为偏好存储 preferenceStorage：

```
// preferenceStorage.js
// 偏好存储。
module.exports = {
  // 设置。
  // key：存储键，字符串类型。
  // data：存储数据，字符串类型/对象类型。
  setSync: function(key, data) {
    wx.setStorageSync(key, data);
  },

  // 读取。
  // key：存储键，字符串类型。
  // defaultData：默认数据，字符串类型/对象类型。
```

```
  getSync: function(key, defaultData) {
    var data = wx.getStorageSync(key);
    if (data == "") {
      data = defaultData;
    }
    return data;
  }
};
```

preferenceStorage 的 setSync 函数直接调用了数据缓存的 wx.setStorageSync。上述代码的重点在于 getSync 函数。getSync 函数会首先从数据缓存中取出数据。当给定的键在数据缓存中不存在时，数据缓存会返回空字符串。因此，如果返回值 data 为空字符串，我们就会要求 getSync 函数返回默认值 defaultData。如果返回值 data 不是空字符串，即给定的键在数据缓存中时，则直接返回数据缓存中的值。

13.5 缓存访问 Token

要了解如何缓存访问 Token，请访问右侧二维码。

缓存访问 Token

利用偏好存储，我们就可以缓存访问 Token 了。首先，我们需要在 todayPoetryService 中引入偏好存储：

```
// todayPoetryService.js
Server: "今日诗词服务器",

// 偏好存储。
_preferenceStorage: require("preferenceStorage.js"),
...
```

在使用偏好存储时，需要提供一个字符串类型的键。我们预先定义好这个键：

```
_preferenceStorage: require("preferenceStorage.js"),

// 今日诗词 Token 键。
JinrishiciTokenKey: "todayPoetryService.JinrishiciTokenKey",
...
```

在 getTokenAsync 函数中，我们首先从偏好存储中读取 Token。如果能读取到 Token，就直接返回 Token：

```
getTokenAsync: function (callback) {
  var token = this._preferenceStorage
    .getSync(this.JinrishiciTokenKey, "");
  if (token != "") {
    callback(token);
    return;
  }

  wx.request({
```

这样一来，只有在偏好存储中不存在 Token 时，才会执行后面的 wx.request 函数。

在从 Web 服务器获得 Token 之后，我们首先需要将 Token 保存在偏好存储中，再将其返回：

```
success: function (response) {
  ...;
  }

  var token = response.data.data;
  todayPoetryService._preferenceStorage.setSync(
    todayPoetryService.JinrishiciTokenKey, token);
  callback(token);
  return;
```

这样一来，只有在第一次调用 getTokenAsync 函数时，由于偏好存储中没有保存访问 Token，getTokenAsync 函数才会访问 Web 服务，得到访问 Token，并将访问 Token 保存在偏好存储中。此后再次调用 getTokenAsync 函数时，就会直接从偏好存储中读出访问 Token，而不需要再次访问 Web 服务了。

13.6 设置访问 Token

要了解如何设置访问 Token，请访问右侧二维码。

设置访问 Token

我们在 getTodayPoetryAsync 函数中访问今日诗词 Web 服务并获得诗词推荐。关于如何获得诗词推荐，今日诗词 Web 服务的文档中有着如下记述：

> 您需要在 HTTP 的 Headers 头中指定 Token。
> X-User-Token:RgU1rBKtLym/MhhYIX...

那么，我们如何在 HTTP 头中指定 Token 呢？首先，我们获得 Token：

```
JinrishiciTokenKey: "todayPoetryService.JinrishiciTokenKey",

// 获得今日诗词。
// callback：回调函数，接收一个诗词推荐参数，其结构如下。
// {
//   snippet：字符串类型，保存推荐的诗句。
//   authorName：字符串类型，保存作者。
//   title：字符串类型，保存出处。
//   source：字符串类型，保存推荐来源。
//   dynasty：字符串类型，保存朝代。
//   content：字符串类型，保存正文。
// }
getTodayPoetryAsync: function (callback) {
  this.getTokenAsync(function (token) {
    ...
```

此时，回调函数中的 token 参数就是访问 Token。接下来，我们调用 wx.request 函数，并在传递 url 属性的同时传递 header 属性。header 属性的值是一个对象，其中包含我们要设置的 HTTP 请求头：

```
getTodayPoetryAsync: function (callback) {
  this.getTokenAsync(function (token) {
    wx.request({
      url: "https://v2.jinrishici.com/sentence",
      header: {
        "X-User-Token": token
      },
      ...
```

通过传递 header 参数，我们就可以在 HTTP 请求的请求头中包含 X-User-Token，其值则是我们通过 getTokenAsync 函数获得的访问 Token。此后的工作就简单了，我们只需在发生错误时返回空，在一切正常时返回诗词推荐就可以了。

今日诗词 Web 服务的文档中详细解释了接口返回的数据格式[1]：

```
{
  "data": {
    "content": "君问归期未有期，巴山夜雨涨秋池。",
    "origin": {
      "title": "夜雨寄北",
      "dynasty": "唐代",
      "authorName": "李商隐",
      "content": [
        "君问归期未有期，巴山夜雨涨秋池。",
        "何当共剪西窗烛，却话巴山夜雨时。"
      ]
    }
  }
}
```

分析上述格式，可以将其对应到诗词推荐返回结果的各项属性，如下所示。

（1）snippet 属性对应于 data.content。

（2）title 属性对应于 data.origin.title。

（3）dynasty 属性对应于 data.origin.dynasty。

（4）authorName 属性对应于 data.origin.author。

（5）content 属性对应于 data.origin.content，但需要将字符串数组使用换行符拼接为一个字符串。

基于上述分析，我们可以得到如下的代码：

```
header: {
  "X-User-Token": token
},
fail: function (response) {
  todayPoetryService.showAlert(response.errMsg);
  callback(null);
  return;
},
success: function (response) {
  if (response.statusCode != 200) {
    todayPoetryService.showAlert(
```

1 为了节省篇幅，这里删除了部分无关的属性。

```
        "服务器返回了" + response.statusCode + "错误。");
      callback(null);
      return;
    }

    callback({
      snippet: response.data.data.content,
      title: response.data.data.origin.title,
      dynasty: response.data.data.origin.dynasty,
      authorName: response.data.data.origin.author,
      content: response.data.data.origin.content.join("\n"),
      source: todayPoetryService
        ._todayPoetrySources.JINRISHICI
    });
    return;
  }
  ...
```

在设置诗词推荐的推荐来源时，我们引入了一个新的对象 todayPoetrySources：

```
// todayPoetrySources.js
module.exports = {
  JINRISHICI: "JINRISHICI",
  LOCAL: "LOCAL"
}
```

todayPoetrySources 的作用是明确不同的推荐来源使用什么字符串来表示。为了在 todayPoetryService 中使用 todayPoetrySources，我们需要将 todayPoetrySources 以成员变量的形式添加到 todayPoetryService 中：

```
JinrishiciTokenKey: "todayPoetryService.JinrishiciTokenKey",

// 推荐来源。
_todayPoetrySources: require("todayPoetrySources.js"),
...
```

13.7 准备备用方案

要了解如何准备备用方案，请访问右侧二维码。

准备备用方案

上述获得诗词推荐的方法存在一处缺陷：如果访问 Web 服务时出现问题，导致获得访问 Token 或者获得诗词推荐的过程中出现了错误，则会返回空对象。这样一来，今日推荐页就没有诗词推荐可以显示了。为了确保今日推荐页有诗词可以显示，我们需要在访问 Web 服务出现问题时准备一套备用方案。

我们的做法是，在访问 Web 服务出现问题时，从数据库中随机地取出一首诗词：

```
// todayPoetryService.js
getTokenAsync: function (callback) {
  ...
},
```

```
// 获得随机诗词。
// callback: 回调函数，接收一个诗词推荐参数。
// 其结构参考 getTodayPoetryAsync 的 callback 参数。
getRandomPoetryAsync: function (callback) {
  this._poetryStorage.getPoetriesAsync(
    {}, // where
    Math.round(Math.random()
      * this._poetryStorage.NumberPoetry), // skip
    1, // take
    function (poetries) { // callback
      callback({
        snippet: poetries[0].content
          .substring(0, poetries[0].content.indexOf("。"))
          .replace(new RegExp("\n", "gm"), " "),
        name: poetries[0].name,
        dynasty: poetries[0].dynasty,
        authorName: poetries[0].authorName,
        content: poetries[0].content,
        source: todayPoetryService
          ._todayPoetrySources.LOCAL
      });
    });
},
...
```

我们跳过随机数首诗词，并取回一首诗词。为了确保跳过诗词的数量不超过数据库中诗词的总数量，我们在诗词存储中添加了一个变量 NumberPoetry，用于保存数据库中诗词的总数量：

```
// poetryStorage.js
_dbService: require("dbService.js"),

// 诗词总数量。
NumberPoetry: 10273,
```

我们还需要在 todayPoetryService 中包含诗词存储：

```
// todayPoetryStorage.js
_todayPoetrySources: require("todayPoetrySources.js"),

// 诗词存储。
_poetryStorage: require("poetryStorage.js"),
```

另外，为了生成推荐的诗句（即 snippet 属性），我们将诗词的第一句话提取出来。其中：

```
poetries[0].content.indexOf("。")
```

用于确定诗词正文中第一个句号的位置；

```
poetries[0].content
  .substring(0, poetries[0].content.indexOf("。"))
```

用于截取诗词正文开始至第一个句号位置的文本；

```
poetries[0].content
  .substring(0, poetries[0].content.indexOf("。"))
  .replace(new RegExp("\n", "gm"), " "),
```

则用于将正文中的换行符替换为空格。

最后，我们更新 getTodayPoetryAsync 函数。当无法获取访问 Token 时，我们返回随机的诗词：

```
getTodayPoetryAsync: function (callback) {
```

```
    this.getTokenAsync(function (token) {
      if (token == "") {
        this.getRandomPoetryAsync(callback);
        return;
      }
      ...
```

当获取诗词推荐失败时，也返回随机的诗词：

```
  fail: function (response) {
    todayPoetryService.showAlert(response.errMsg);
    todayPoetryService.getRandomPoetryAsync(callback);
    return;
  },
  success: function (response) {
    if (response.statusCode != 200) {
      todayPoetryService.showAlert(
        "服务器返回了" + response.statusCode + "错误。");
      todayPoetryService.getRandomPoetryAsync(callback);
      return;
    }
```

最后，我们需要在 todayPoetryService.js 文件的末尾导出 todayPoetryService：

```
  module.exports = todayPoetryService;
```

13.8 动手做

在 testPages 文件夹下创建 todayPoetryServiceTest 页面，对 todayPoetryService 开展以下测试。

（1）调用 todayPoetryService 的 showAlert 函数，检查能否正常弹出错误信息。

（2）调用 todayPoetryService 的 getTokenAsync 函数，检查能否正常获得访问 Token。重复调用 getTokenAsync 函数，检查是否能够获得同样的访问 Token。

（3）调用 todayPoetryService 的 getTodayPoetryAsync 函数，检查能否正常获得诗词推荐。重复调用 getTodayPoetryAsync 函数，检查每次获得的诗词推荐是否相同。

（4）调用 todayPoetryService 的 getRandomPoetryAsync 函数，检查能否正常获得随机的诗词。重复调用 getRandomPoetryAsync 函数，检查每次获得的诗词是否相同。

13.9 迈出小圈子

与 JavaScript 不同，C#、Java 等语言通常使用“异常机制”来处理包括 Web 服务访问错误在内的各类异常。请查找相关资料，学习如何在 C#或 Java 语言中捕获异常，并在发生异常时向用户提示错误信息。

第14章 检查数据更新

在第 13 章，我们学习了如何构建稳健的 Web 服务客户端。这一技术不仅可以用于访问今日诗词 Web 服务获得诗词推荐，还可以用于访问必应每日图片 Web 服务获得背景图片。

与每次访问都能获得新结果的今日诗词 Web 服务不同，必应每日图片 Web 服务每天只更新一张图片。这意味着我们每天只需要访问一次必应每日图片 Web 服务，并将当天的背景图片保存起来就可以了。

思路虽然直接，但实现起来却并不简单。通过必应每日图片 Web 服务获得当天的背景图片的过程，涉及远程数据访问过程中的一个典型的问题：如何优雅地检查数据更新。在本章，我们就来讨论如何解决这一问题。

14.1 图片更新的检查策略

必应每日图片 Web 服务的地址是：

```
https://www.bing.com/HPImageArchive.aspx?format=js&idx=0&n=1&mkt=zh-CN
```

我们来看看返回的结果[1]：

```
{
  "images": [{
    "startdate": "20210909",
    "fullstartdate": "202109091600",
    "enddate": "20210910",
    "url": "/th?id=...
    "copyright": "英国巴斯的埃文河...
  }]
}
```

由于必应每日图片 Web 服务并没有提供文档，因此我们只能根据属性名以及属性值猜测属性的意义。我们可以做出如下的猜测。

（1）startdate 代表图片的开始日期，如 2021 年 9 月 9 日。

（2）fullstartdate 代表图片的开始时间，如 2021 年 9 月 9 日 16 时 0 分。

（3）enddate 代表图片的结束日期，如 2021 年 9 月 10 日。

（4）url 代表图片的路径。

（5）copyright 代表图片的版权信息。

基于以上猜测，我们可以发现如下问题。

1 为了节省篇幅，这里删除了部分内容。

（1）必应每日图片不是在每天 0 时更新，其更新时间可能对应于 fullstartdate 属性。

（2）由于没有 fullenddate 属性，我们无法确定图片的过期时间。

（3）即便假设存在 fullenddate 属性，也存在前一张图片已经过期，但下一张图片仍未更新的可能。

针对上述问题，我们需要设计一套检查图片更新的策略。首先，在调用必应每日图片 Web 服务之后，我们可以获得当前图片的开始时间。我们假设当前图片总是在 24 小时之后过期，因此可以根据开始时间计算出图片的过期时间。接下来，我们按照如下策略检查图片更新。

（1）如果当前时间早于当前图片的过期时间，则直接判断当前图片尚未过期，不需要访问必应每日图片 Web 服务。

（2）如果当前时间晚于当前图片的过期时间，则判断当前图片已经过期，此时需要访问必应每日图片 Web 服务，获得新图片的开始时间。

（3）如果新图片的开始时间早于或等于当前图片的开始时间，则代表必应每日图片尚未更新图片。为了避免频繁访问必应每日图片 Web 服务，我们约定两小时之后再进行下一次检查。为此，我们将当前图片的过期时间延长两小时。

（4）如果新图片的开始时间晚于当前图片的开始时间，则代表必应每日图片已经更新。我们将新图片作为当前图片，重新计算开始时间和过期时间。

14.2 实现图片信息存储

上述图片更新的检查策略隐含了两方面的信息。一方面，我们需要保存当前图片的开始时间与过期时间，以便随时判断当前图片是否过期。另一方面，今日推荐页需要当前图片的版权信息以及图片的地址才能正常工作，因此我们还需要将这些信息保存起来。这意味着负责提供背景图片的 todayImageService 不仅要承担访问必应每日图片 Web 服务的工作，还要承担保存当前图片信息的工作。

在面向对象设计中，有一个非常重要的原则叫“单一职责原则”，即一个对象的职责应该尽可能单一。对于 todayImageService 来讲，我们希望它的职责能够集中到与必应每日图片 Web 服务直接相关的工作上，包括访问 Web 服务以及检查图片有没有更新，而不必承担与此并不直接相关的工作，比如保存当前图片的信息。因此，为了分担保存当前图片信息的工作，我们决定引入一个新的图片信息存储服务 todayImageStorage。

要了解如何实现图片信息存储，请访问右侧二维码。

实现图片信息存储

todayImageStorage 用于保存当前图片的信息。由于当前图片的信息只有一份，因此属于零星的数据，可以使用 preferenceStorage 保存。为此，我们需要将 preferenceStorage.js 文件添加到 todayImageStorage 中：

```
// todayImageStorage.js
// 今日图片存储。
```

```
module.exports = {
  // 偏好存储
  _preferenceStorage: require("preferenceStorage.js"),
}
```

使用偏好存储保存数据，需要提供键与默认值。我们需要为开始时间、过期时间、版权信息以及图片地址4种配置项提供键与默认值：

```
_preferenceStorage: require("preferenceStorage.js"),

// 开始时间配置项键。
FullStartDateKey: "todayImage.FullStartDateKey",

// 过期时间配置项键。
ExpiresAtKey: "todayImage.ExpiresAtKey",

// 版权信息配置项键。
CopyrightKey: "todayImage.CopyrightKey",

// 图片地址配置项键。
UrlKey: "todayImage.url",

// 开始时间默认值。
FullStartDateDefault: "200101010700",

// 过期时间默认值。
ExpiresAtDefault: new Date(2001, 0, 2, 7, 0, 0),

// 版权信息默认值。
CopyrightDefault: "正在载入背景图片……",

// 图片地址默认值。
UrlDefault: "http://no.such.url/",
```

这里，我们将图片的开始时间设置为2001年1月1日7时，过期时间设置为2001年1月2日7时。在JavaScript中，我们使用Date类型来表示时间。在创建Date类型的实例时，我们需要传递年、月、日、小时、分钟以及秒钟作为参数。其中，年、日、小时、分钟，以及秒钟都是普通的时间数字。月的取值范围则是0～11，其中0代表一月，11代表十二月。除此之外，我们将版权信息的默认值设置为"正在载入背景图片……"，这会让我们在没有任何背景图片时为用户提供一条提示信息。我们还将图片的默认地址设置为一个不存在的URL："http://no.such.url/"。

准备好键与默认值之后，我们就可以实现todayImageStorage了：

```
UrlDefault: "http://no.such.url/",

// 获得今日图片。
getTodayImageSync: function() {
  var todayImage = {
    fullStartDate: this._preferenceStorage
      .getSync(this.FullStartDateKey,
          this.FullStartDateDefault),
    expiresAt: this._preferenceStorage
      .getSync(this.ExpiresAtKey, this.ExpiresAtDefault),
    copyright: this._preferenceStorage
      .getSync(this.CopyrightKey, this.CopyrightDefault),
    url: this._preferenceStorage
      .getSync(this.UrlKey, this.UrlDefault)
  };
```

```
    return todayImage;
  },

  // 保存今日图片。
  // todayImage：今日图片，类型参考 getTodayImageSync 的返回值。
  saveTodayImageSync: function(todayImage) {
    this._preferenceStorage
      .setSync(this.FullStartDateKey,
        todayImage.fullStartDate);
    this._preferenceStorage
      .setSync(this.ExpiresAtKey, todayImage.expiresAt);
    this._preferenceStorage
      .setSync(this.CopyrightKey, todayImage.copyright);
    this._preferenceStorage
      .setSync(this.UrlKey, todayImage.url);
  }
```

调用 getTodayImageSync 函数，就可以得到 todayImageStorage 中保存的图片信息。调用 saveTodayImageSync 函数，就可以将图片信息保存到 todayImageStorage 中。这样一来，我们就完成了 todayImageStorage 实现。

14.3 实现今日图片服务

要了解如何实现今日图片服务，请访问右侧二维码。

实现今日图片服务

在明确了图片更新的检查策略，以及准备好图片信息存储之后，我们就可以实现今日图片服务了。首先，我们需要确定今日图片服务需要依赖哪些服务。很明显，今日图片服务需要依赖图片信息存储。同时，由于今日图片服务需要访问 Web 服务，因此需要警告服务以及 errorMessage 来提示错误信息，并需要准备服务器的中文名称：

```
// todayImageService.js
// 今日图片服务。
var todayImageService = {
  // 今日图片存储。
  _todayImageStorage: require("todayImageStorage.js"),

  // 警告服务。
  _alertService: require("alertService.js"),

  // 错误信息。
  _errorMessage: require("../util/errorMessage.js"),

  // 必应每日图片服务器。
  Server: "必应每日图片服务器",
};

module.exports = todayImageService;
```

与 13.2 节类似，我们也准备一个 showAlert 函数用于显示错误信息：

```
Server: "必应每日图片服务器",

// 显示错误信息。
// message：错误信息，字符串类型。
showAlert: function (message) {
  todayImageService._alertService.showAlert(
    todayImageService._errorMessage.HTTP_ERROR_TITLE,
    todayImageService._errorMessage.HttpErrorMessage(
      todayImageService.Server, message),
    todayImageService._errorMessage.HTTP_ERROR_BUTTON);
}
...
```

依据 11.5 节的设计，今日图片服务需要提供 getTodayImageSync 函数用于返回背景图片。由于背景图片直接保存在图片信息存储中，因此我们可以直接调用图片信息存储返回背景图片：

```
Server: "必应每日图片服务器",

// 获得今日图片。
getTodayImageSync: function () {
  return this._todayImageStorage.getTodayImageSync();
},
```

今日图片服务还需要提供 checkUpdateAsync 函数，用于检查图片更新：

```
getTodayImageSync: function () {
  return this._todayImageStorage.getTodayImageSync();
},

// 检查更新。
// callback：回调函数，其接收如下参数。
// {
//   hasUpdate：布尔类型，背景图片是否有更新。
//   todayImage：对象类型，更新后的背景图片，其结构如下。
//   {
//     url：字符串类型，保存图片的地址。
//     copyright：字符串类型，保存图片的版权信息。
//   }
// }
checkUpdateAsync: function (callback) {
  ...
```

依据 14.1 节确定的图片更新检查策略，我们首先需要检查当前图片的过期时间。如果当前时间早于当前图片的过期时间，则意味着当前图片尚未过期，不需要访问必应每日图片 Web 服务：

```
checkUpdateAsync: function (callback) {
  var todayImage = this._todayImageStorage
    .getTodayImageSync();
  if (todayImage.expiresAt > new Date()) {
    callback({hasUpdate: false});
    return;
  }
  ...
```

这里，new Date()用于获得当前的时间。接下来，我们调用 wx.request 函数访问必应每日图片 Web 服务，并处理各种异常情况：

```
  if (todayImage.expiresAt > new Date()) {
```

```
  ...
}

wx.request({
  url: "https://cn.bing.com/HPImageArchive.aspx?format=js&idx=0&n=1&mkt=zh-CN",
  fail: function (response) {
    todayImageService.showAlert(response.errMsg);
    callback({hasUpdate: false});
    return;
  },
  success: function (response) {
    if (response.statusCode != 200) {
      todayImageService.showAlert(
        "服务器返回了" + response.statusCode + "错误。");
      callback({hasUpdate: false});
      return;
    }
    ...
  }
});
```

在从必应每日图片 Web 服务获得响应之后，我们首先获得新图片的开始时间：

```
success: function (response) {
  if (response.statusCode != 200) {
    ...
  }

  var bingImage = response.data.images[0];

  var year = bingImage.fullstartdate
    .substr(0, 4);
  var month = bingImage.fullstartdate
    .substr(4, 2) - 1;
  var day = bingImage.fullstartdate
    .substr(6, 2);
  var hour = bingImage.fullstartdate
    .substr(8, 2);
  var minute = bingImage.fullstartdate
    .substr(10, 2);
  var bingImageFullStartDate = new Date(
    year, month, day, hour, minute);
```

这里，我们调用 substr 函数从字符串中取出一个子串。substr 函数接收两个参数，其中第一个参数为子串的开始位置，第二个参数为子串的长度。因此：

```
bingImage.fullstartdate.substr(0, 4)
```

就代表取出开始时间字符串从位置 0 开始，长度为 4 的子串，也就是开始时间的年份。由于 JavaScript 中月份的取值范围是 0～11，因此我们需要将月份值减 1：

```
bingImage.fullstartdate.substr(4, 2) - 1;
```

这里，我们利用了 JavaScript 的另一个特性，即字符串和数字之间可以自动转换。因此字符串 12 减数字 1 的结果是数字 11：

```
"12" - 1 // 11
```

除了新图片的开始时间，我们还需要获得当前图片的开始时间：

```
var bingImageFullStartDate = new Date(
  year, month, day, hour, minute);

var todayImage = todayImageService
```

```
    ._todayImageStorage.getTodayImageSync();

  year = todayImage.fullStartDate
    .substr(0, 4);
  month = todayImage.fullStartDate
    .substr(4, 2) - 1;
  day = todayImage.fullStartDate
    .substr(6, 2);
  hour = todayImage.fullStartDate
    .substr(8, 2);
  minute = todayImage.fullStartDate
    .substr(10, 2);
  var todayImageFullStartDate = new Date(
    year, month, day, hour, minute);
```

接下来，我们对比新图片与当前图片的开始时间。如果新图片的开始时间早于或等于当前图片的开始时间，则代表必应每日图片尚未更新图片。此时，我们需要将当前图片的过期时间延长两小时：

```
  var todayImageFullStartDate = new Date(
    year, month, day, hour, minute);

  if (bingImageFullStartDate <=
    todayImageFullStartDate) {
    todayImage.expiresAt.setHours(
      todayImage.expiresAt.getHours() + 2);
    todayImageService._todayImageStorage
      .saveTodayImageSync(todayImage);
    callback({hasUpdate: false});
    return;
  }
```

如果新图片的开始时间晚于当前图片的开始时间，则代表必应每日图片已经更新。此时，我们需要将新图片保存到图片信息存储，并通过回调函数返回：

```
  if (bingImageFullStartDate <=
    ...
  }

  todayImage = {
    fullStartDate: bingImage.fullstartdate,
    expiresAt: new Date(
      bingImageFullStartDate.getTime() + 57600000),
    copyright: bingImage.copyright,
    url: "https://cn.bing.com" + bingImage.url
  };

  todayImageService._todayImageStorage
    .saveTodayImageSync(todayImage);
  callback({hasUpdate: true, todayImage: todayImage});
  return;
```

这样一来，我们就实现了今日图片服务。

14.4 动手做

在 testPages 文件夹下创建 todayImageStorageTest 页面，对 todayImageStorage 开展如下测试。

（1）调用 getTodayImageSync 函数，检查能否获得默认的图片信息。

（2）调用 saveTodayImageSync 函数，检查能否正常将图片信息保存到数据缓存中。

（3）调用 getTodayImageSync 函数，检查能否获得保存的图片信息。

在 testPages 文件夹下创建 todayImageServiceTest 页面，对 todayImageService 开展如下测试。

（1）调用 getTodayImageSync 函数，检查能否获得默认的图片信息。

（2）调用 checkUpdateAsync 函数，检查能否获得最新的必应每日图片信息。

（3）编写函数，修改数据缓存中的图片信息，使图片过期。

（4）调用 checkUpdateAsync 函数，检查在图片过期的情况下，能否获得最新的必应每日图片信息。

14.5 迈出小圈子

在 JavaScript 中，我们可以很容易地从 JSON 中读取数据。不过在 Java、C#等语言中，我们却必须借助一些第三方工具才能从 JSON 中读取数据。Newtonsoft.JSON（又称 Json.NET）是 C#语言常用的 JSON 框架。请查找 Newtonsoft.JSON 的官方网站，并学习如何使用 Newtonsoft.JSON 来从 JSON 中读取数据。

第15章 传递导航参数

我们在 11.5 节曾讨论过，今日推荐页需要将推荐的诗词作为导航参数传递给推荐详情页；在 4.3.1 节，曾经探讨过如何在微信小程序的页面之间导航。不过，使用 4.3.1 节介绍的方法并不能在页面之间传递导航参数。在本章，我们就会学习如何在导航时传递导航参数。

我们可以使用两种方法来传递导航参数。一种方法是将导航参数保存在一个“快递柜”中，由目标页面自行到快递柜中取出导航参数；另一种方法则依赖于页面间事件通信通道，通过通道传递导航参数。两种方法都有各自的优点，也都有各自的缺点。我们将分别实现这两种传递导航参数的方法，并理解如何在它们二者之间做出取舍。

15.1 利用“快递柜”传递导航参数

15.1.1 实现 navigationService

要了解如何实现 navigationService，请访问右侧二维码。

实现 navigationService

依据 12.2.3 节的导航服务设计，我们可以搭建 navigationService 的基本框架：

```
// navigationService.js
// 导航服务。
var navigationService = {
  // 推荐详情页。
  todayDetailPage: "/pages/todayDetail/todayDetail",

  // 导航。
  // pageKey: 目标页面，字符串类型。
  // parameter: 导航参数，对象类型。
  navigateTo: function (pageKey, parameter) {
  },
}

module.exports = navigationService;
```

这里，我们直接使用推荐详情页的路径来唯一地代表推荐详情页。接下来，我们在navigationService中准备一个变量_navigationParameter，用来充当“快递柜”保存导航参数：

```
todayDetailPage: "/pages/todayDetail/todayDetail",

// 导航参数。
_navigationParameter: null,
...
```

在 navigateTo 函数中，我们将导航参数放入快递柜：

```
navigateTo: function (pageKey, parameter) {
  var navigationParameter = null;
  if (parameter != undefined) {
    navigationParameter = {
      pageKey: pageKey,
      parameter: parameter
    }
  }
  navigationService._navigationParameter =
    navigationParameter;

  wx.navigateTo({
    url: pageKey
  })
},
```

在将导航参数放入快递柜时，我们不仅保存了导航参数，还将“快递的收件人”（即导航的目标页面）也一并保存了：

```
navigationParameter = {
  pageKey: pageKey,
  parameter: parameter
}
```

这样一来，在从快递柜中取出导航参数时，我们就可以核对一下“收件人”和“取件人”是否是同一个页面了。

接下来，我们提供一个 getParameter 函数，用于从快递柜中取出导航参数：

```
navigateTo: function (pageKey, parameter) {
  ...
},

// 获得导航参数。
// pageKey：目标页面，字符串类型。
getParameter: function (pageKey) {
  if (navigationService._navigationParameter == null
    || navigationService
      ._navigationParameter.pageKey != pageKey) {
    return null;
  }

  var parameter = navigationService
    ._navigationParameter.parameter;
  navigationService._navigationParameter = null;
  return parameter;
}
```

在调用 getParameter 函数时，需要传递“取件人”参数。getParameter 函数会首先核对“取件人”与快递柜中的“收件人”是否一致。如果不一致，就直接返回空。如果一致，就返回导航参数，并清空快递柜。

15.1.2 利用 navigationService 传递导航参数

要了解如何利用 navigationService 传递导航参数，请访问右侧二维码。

利用 navigation-Service 传递导航参数

我们使用一个例子来说明如何使用 navigationService 传递导航参数。我们在 testPages 文件夹下创建两个页面：navigationServiceTest1 与 navigationServiceTest2。navigationServiceTest1 将向 navigationServiceTest2 传递一个导航参数：

```
<!-- navigationServiceTest1.wxml -->
<button bindtap="navigateTo">navigateTo</button>

// navigationServiceTest1.js
var navigationService =
  require("../../services/navigationService.js");

Page({
  navigationServiceTest2:
"/testPages/navigationServiceTest2/navigationServiceTest2",

  navigateTo: function () {
    navigationService.navigateTo(
      this.navigationServiceTest2, {
        message: "Hello Navigation Service!"
      });
  }
})
```

navigationServiceTest2 会在 onLoad 函数中从 navigationService 中读取导航参数，并将导航参数显示出来：

```
// navigationServiceTest2.js
var navigationService =
  require("../../services/navigationService.js");

Page({
  data: {
    message: ""
  },

  navigationServiceTest2:
"/testPages/navigationServiceTest2/navigationServiceTest2",

  onLoad: function (options) {
    this.setData({
      message: navigationService.getParameter(
        this.navigationServiceTest2
      ).message
    });
  },
})

<!-- navigationServiceTest2.wxml -->
<text>{{ message }}</text>
```

现在在 navigationServiceTest1 中单击“navigateTo”按钮，就会导航到 navigationServiceTest2 并显示出“Hello Navigation Service”了。

15.2 利用页面间事件通信通道传递导航参数

15.2.1 实现 navigationService2

要了解如何实现 navigationService2，请访问右侧二维码。

实现 navigation-Service2

我们在 navigationService2 中使用页面间事件通信通道传递导航参数：

```
// 导航服务 2。
var navigationService2 = {
  // 推荐详情页。
  todayDetailPage: "/pages/todayDetail/todayDetail",

  // 导航。
  // pageKey: 目标页面，字符串类型。
  // parameter: 导航参数，对象类型。
  navigateTo: function (pageKey, parameter) {
    wx.navigateTo({
      url: pageKey,
      success: function (res) {
        res.eventChannel.emit('parameter', parameter)
      }
    })
  },
}

module.exports = navigationService2;
```

要使用页面间事件通信通道传递导航参数，我们需要在调用 wx.navigateTo 函数时传递 success 回调函数。回调函数参数的 eventChannel 变量就代表了页面间事件通信通道。此时，我们只需要调用 emit 函数，传递自定义的事件名称（即上述代码中的“'parameter'”）以及参数就可以了。我们将在 15.2.2 节介绍如何从页面间事件通信通道中取出导航参数。

15.2.2 利用 navigationService2 传递导航参数

要了解如何利用 navigationService2 传递导航参数，请访问右侧二维码。

利用 navigation-Service2 传递导航参数

我们依然使用一个例子来说明如何使用 navigationService2 传递导航参数，以及如何从页面间事件通信通道中取出导航参数。我们在 testPages 下创建两个页面：navigationService2Test1 与 navigationService2Test2。navigationService2Test1 将向 navigationService2Test2 传递一个导航参数：

```
<!-- navigationService2Test1.wxml -->

// navigationService2Test1.js
var navigationService2 =
  require("../../services/navigationService2.js");

Page({
  navigationService2Test2:
"/testPages/navigationService2Test2/navigationService2Test2",

  navigateTo: function () {
    navigationService2.navigateTo(
      this.navigationService2Test2, {
        message: "Hello Navigation Service 2!"
      });
  }
})
```

navigationServiceTest2 会在 onLoad 函数中从页面间事件通信通道中取出导航参数，并将导航参数显示出来：

```
// navigationService2Test2.js
const navigationService2 =
require("../../services/navigationService2");

var navigationService2Test2 = null;

Page({
  data: {
    message: ""
  },

  onLoad: function (options) {
    navigationService2Test2 = this;

    var eventChannel = this.getOpenerEventChannel();
    eventChannel.on('parameter', function (parameter) {
      navigationService2Test2.setData({
        message: parameter.message
      });
    });
  },
})

<!-- navigationService2Test2.wxml -->
<text>{{ message }}</text>
```

在上述代码中，我们首先调用 getOpenerEventChannel 函数获得页面间事件通信通道：

```
var eventChannel = this.getOpenerEventChannel();
```

接下来，我们传递回调函数以处理 15.2.1 节中调用 emit 函数时提供的自定义事件（即“parameter”事件）。此时，回调函数的参数就是我们在调用 emit 函数时提供的导航参数：

```
eventChannel.on('parameter', function (parameter) {
  ... // parameter is the navigation parameter
});
```

15.3 两种方法的对比

使用“快递柜”和页面间事件通信通道都能传递导航参数。那么，这两种方法之间有什么区别呢？

页面间事件通信通道是微信小程序官方推荐的传递导航参数的方法。为此，微信小程序官方专门设计了 eventChannel 对象，并允许我们在 wx.navigateTo 函数中通过 success 回调函数的参数，以及在页面中通过 getOpenerEventChannel 函数获得 eventChannel 对象。有了 eventChannel 对象，我们就可以调用 emit 函数来触发事件，并调用 on 函数来监听事件，从而传递导航参数。从这段总结可以看到，微信小程序官方做了大量的准备工作，才让我们能够顺利地使用页面间事件通信通道传递导航参数。同时，页面间事件通信通道的使用也比较优雅。

与页面间事件通信通道相比，使用“快递柜”则没有那么方便和优雅。一方面，我们需要自己搭建“快递柜”以及设计参数的放入和提取机制，这给我们带来了额外的工作量。另一方面，我们设计的参数放入和提取机制并不完备，在特定情况下可能存在“快递”被误取的情况。因此，如果没有特殊理由，我们并不推荐使用“快递柜”在页面之间传递导航参数。

通过上述分析可以看到，如果一个开发平台针对某种功能提供了原生的支持，则应该尽量使用原生的方法实现该功能，并避免自己重新设计一套方法。这不仅能够节省很多工作量，还可以避免由于自己的设计不完善而导致的各种错误。综上所述，在页面之间传递导航参数时，我们推荐使用页面间事件通信通道这一方法。

不过，上述结论并非最终结论。

4.3 节曾介绍过，微信小程序中存在两种导航：页面导航以及选项卡导航。截至本书定稿时，微信小程序只为页面导航提供了页面间事件通信通道。这意味着在进行选项卡导航时，我们无法使用页面间事件通信通道来传递导航参数。

此时，使用“快递柜”传递导航参数的优势就体现了出来。作为一种完全由我们自己实现的传递导航参数的方法，“快递柜”可以被应用到任何导航机制中，而不必依赖微信小程序提供支持。在 15.4 节中，我们就基于“快递柜”实现支持传递导航参数的选项卡导航服务 tabNavigationService。

15.4 利用“快递柜”传递选项卡导航参数

要了解如何利用“快递柜”传递选项卡导航参数，请访问右侧二维码。

利用“快递柜”传递选项卡导航参数

tabNavigationService 的实现与 navigationService 几乎相同。我们只针对与选项卡导航直接相关的部分进行了修改：

```
// tabNavigationService.js
```

```
// 选项卡导航服务。
var tabNavigationService = {
  // 导航参数。
  _navigationParameter: null,

  // 导航。
  // pageKey: 目标页面，字符串类型。
  // parameter: 导航参数，对象类型。
  navigateTo(pageKey, parameter) {
    var navigationParameter = null;
    if (parameter != undefined) {
      navigationParameter = {
        pageKey: pageKey,
        parameter: parameter
      }
    }
    tabNavigationService._navigationParameter
      = navigationParameter;

    wx.switchTab({
      url: pageKey
    })
  },

  // 获得导航参数。
  // pageKey: 目标页面，字符串类型。
  getParameter: function (pageKey) {
    if (tabNavigationService._navigationParameter == null
      || tabNavigationService
        ._navigationParameter.pageKey != pageKey) {
      return null;
    }

    var parameter = tabNavigationService
      ._navigationParameter.parameter;
    tabNavigationService._navigationParameter = null;
    return parameter;
  }
}

module.exports = tabNavigationService;
```

由于选项卡导航服务必须采用“快递柜”才能传递导航参数，为了保持技术上的一致性，避免在同一个项目中使用多种技术解决同一个问题，我们在页面导航时也将使用“快递柜”方案。

15.5 导航到推荐详情页

15.5.1 合并分支

要了解如何合并分支，请访问右侧二维码。

合并分支

我们在 DPM 项目中实际应用一下带参数的导航。为了看到实际的导航效果，我们需要将分布在 todayPageLogic、todayPageServices 以及 todayPageView 这 3 个分支的页面逻辑层、服务逻辑层以及渲染层代码合并到 master 分支。

在开发导航服务时，我们处于 todayPageServices 分支中。我们首先需要确保工作区中所有的更改都已经提交并且推送到远程仓库。接下来，我们分别切换到 master、todayPageLogic、todayPageServices 以及 todayPageView 分支，在每个分支上分别单击“拉取”，并从对应的远程分支中拉取最新的更改。此后，参考 10.8 节介绍的方法，我们检出 master 分支，并将 todayPageLogic、todayPageServices 以及 todayPageView 这 3 个分支的更改合并到 master 分支。由于我们在多个分支上修改了 app.json 等文件，在解决冲突时，我们需要保留各个分支上的更改，并正确地安排页面的顺序。合并后的 app.json 文件如下：

```
// app.json
{
  "pages": [
    "pages/today/today",
    "testPages/tabNavigationServiceTest1/...
    "testPages/navigationService2Test1/...
    "testPages/navigationServiceTest1/...
    "testPages/todayImageServiceTest/...
    "testPages/todayImageStorageTest/...
    "testPages/todayPoetryServiceTest/...
    "pages/result/result",
    "testPages/poetryStorageTest/poetryStorageTest",
    "pages/index/index",
    "pages/userConsole/userConsole",
    "pages/storageConsole/storageConsole",
    "pages/databaseGuide/databaseGuide",
    "pages/addFunction/addFunction",
    "pages/deployFunctions/deployFunctions",
    "pages/chooseLib/chooseLib",
    "pages/openapi/openapi",
    "pages/openapi/serverapi/serverapi",
    "pages/openapi/callback/callback",
    "pages/openapi/cloudid/cloudid",
    "pages/im/im",
    "pages/im/room/room",
    "testPages/navigationServiceTest2/...
    "testPages/navigationService2Test2/...
    "testPages/tabNavigationServiceTest2/...
  ],
  "tabBar": {
    "list":[
      {
        "pagePath": "testPages/...
        "text": "tab 1"
      },
      {
        "pagePath": "testPages/...
        "text": "tab 2"
      }
    ]
  },
  ...
```

15.5.2 添加推荐详情页

我们在 pages 文件夹下创建 todayDetail 文件夹，并创建 todayDetail 页面。在页面显示时，

onShow 函数会执行并调用 navigationService 的 getParameter 函数，从而取得导航参数，并将导航参数的内容显示到页面上。

```
// todayDetail.js
// 内容导航服务。
var _navigationService =
  require("../../services/navigationService.js");

Page({
  data: {
    // 今日诗词。
    todayPoetry: null
  },

  onLoad: function (options) {
    // 今日诗词。
    todayPoetry: null;
  },

  onShow: function () {
    var todayPoetry = _navigationService
      .getParameter(_navigationService.todayDetailPage);
    this.setData({
      todayPoetry: todayPoetry
    });
  }
})

<!-- todayDetail.wxml -->
<view class="todayPoetryDetail name">
  {{ todayPoetry.name }}
</view>
<view class="todayPoetryDetail meta">
  <text>{{ todayPoetry.dynasty }}</text>
  <text>{{ todayPoetry.authorName }}</text>
</view>
<view class="todayPoetryDetail" style="text-align: left">
  <text>{{ todayPoetry.content }}</text>
</view>
<view class="todayPoetryDetail">
</view>

/* todayDetail.wxss */
.todayPoetryDetail {
  padding: 16rpx;
  text-align: center;
}

.name {
  font-size: x-large;
}
```

现在单击今日推荐页上的“查看详细”按钮，就会导航到推荐详情页，并显示出推荐诗词的详情了。

15.6 动手做

在 testPages 文件夹下创建两个页面：tabNavigationServiceTest1 与 tabNavigationServiceTest2。对 tabNavigationService 开展如下测试。

（1）在 tabNavigationServiceTest1 调用 navigateTo 函数，导航到 tabNavigationServiceTest2，并传递一个参数。

（2）在 tabNavigationServiceTest2 中取出参数，并将参数显示出来。

15.7 迈出小圈子

如何在导航时优雅地传递参数是各大客户端开发平台所必须面对的问题。跨平台开发框架.NET MAUI 使用了与微信小程序类似的机制来传递导航参数。请查找.NET MAUI 的官方文档，探索.NET MAUI 如何进行导航，以及如何在导航时传递参数，并分析这种方法的优点和缺点分别是什么。

第16章 复杂列表渲染

在完成了推荐详情页开发之后，我们来学习另一个与带参数导航有关的页面：诗词搜索页。诗词搜索页包含一个非常复杂的列表渲染。同时，在推荐详情页上单击“在数据库中查找”按钮时，还会导航到诗词搜索页，并将推荐诗词的标题与作者作为诗词搜索页的搜索条件。在本章，我们将学习如何实现这类复杂的列表渲染。在此基础之上，我们将学习如何利用选项卡导航传递的导航参数填充诗词搜索页，以及如何进一步显示搜索结果。

16.1 来自诗词搜索页的挑战

如图 16-1 所示，诗词搜索页用于输入诗词的搜索条件。用户可以在诗词搜索页上输入任意数量（至少一个），最多无限多个搜索条件。每个搜索条件由搜索范围以及搜索词两部分组成。以图 16-1 为例，第一个搜索条件的搜索范围是“标题”，搜索词则是“菊花”。每个搜索条件下方还有“添加”以及“删除”两个按钮，分别用于在当前搜索条件下方追加一个新的搜索条件或删除当前的搜索条件。另外，在推荐详情页上单击“在数据库中查找”按钮，则会跳转到诗词搜索页，并将推荐诗词的标题和作者自动添加为搜索条件。

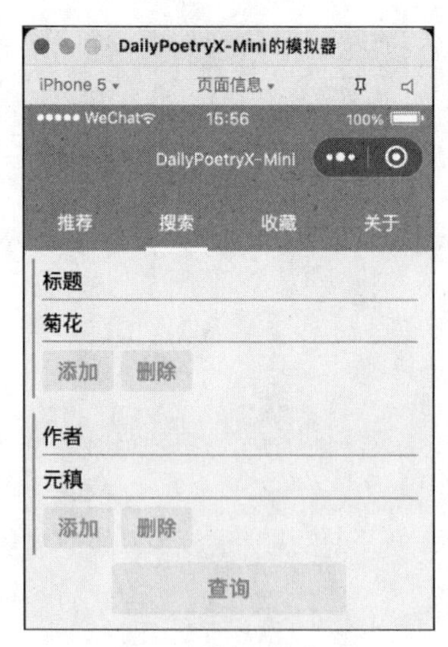

图 16-1　诗词搜索页

在 4.1 节，我们曾学习过如何使用列表渲染来显示一组数据。在 8.2 节，我们使用列表渲染实现了搜索结果页。既然列表渲染可以用于显示多条数据，同时诗词搜索页包含多个搜索条件，那么我们应该可以使用列表渲染来实现诗词搜索页。现在的问题是，我们应该如何实现诗词搜索页上复杂的功能？具体来讲要解决以下问题。

（1）我们应该如何设置每一个搜索条件？

（2）我们如何才能实现搜索条件的添加与删除？

（3）我们如何才能执行搜索条件？

（4）我们如何才能将推荐详情页传递的标题与作者添加为搜索条件？

接下来，我们将逐个解决上述问题。

16.2 诗词搜索页的页面逻辑层

16.2.1 基础变量

要了解如何添加基础变量，请访问右侧二维码。

添加基础变量

我们首先准备一些基础变量。用户在单击“查询”按钮时，需要导航到搜索结果页。因此，我们需要使用 navigationService。在接收推荐详情页传递的导航参数时，我们需要使用 tabNavigationService。另外，在执行查询时，我们需要使用 dbService 中的 db 变量来创建正则表达式。我们会在 16.2.4 节解释如何使用 db 变量创建正则表达式，以及如何使用正则表达式来执行查询：

```
// query.js
// 数据库服务。
var _dbService = require(
  "../../services/dbService.js");

// 导航服务。
var _navigationService = require(
  "../../services/navigationService.js");

// 选项卡导航服务。
var _tabNavigationService = require(
  "../../services/tabNavigationService.js");

Page({
  ...
```

用户可以设置的搜索范围一共有 3 种，分别是标题、作者以及正文。我们在小程序根目录下创建一个 models 文件夹，将上述搜索范围保存在 filterTypes.js 文件中，再将其包含到 query.js 中。下述代码中，我们将每一个搜索范围表示为一个对象。该对象包含 name 变量，给出了搜索范围的名称，如“标题”；还包含“propertyName”变量，给出了与搜索范围对应的数据库记录属性，如“title”：

```
1   // filterTypes.js
2   // 搜索范围类型。
3   var filterTypes = {
4     // 标题。
5     titleFilter: {
6       name: "标题", propertyName: "title"
7     },
8
9     // 作者。
10    authorNameFilter: {
11      name: "作者", propertyName: "authorName"
12    },
13
14    // 内容。
15    contentFilter: {
16      name: "内容", propertyName: "content"
17    },
18  };
19
20  filterTypes.filterTypes = [
21    filterTypes.titleFilter,
22    filterTypes.authorNameFilter,
23    filterTypes.contentFilter];
24
25  module.exports = filterTypes;
26
27  // query.js
28  Page({
29    data: {
30      // 搜索范围。
31      filterTypes: require(
32        "../../models/filterTypes.js").filterTypes
33    },
34    ...
```

我们使用一个数组来保存用户输入的搜索条件。每个搜索条件包含两个部分，分别是搜索范围以及搜索词。在上述代码的第 31 行，我们已经将搜索范围表示为数组 filterTypes，其值则如第 20 行～第 23 行所示，分别代表标题、作者以及内容。因此，我们只需要提供搜索范围的索引，就可以明确地代表搜索范围。用户提交的一个搜索条件可以表示为如下对象：

```
// Fake codes
{
  filterTypeIndex: 0,
  content: ""
}
```

上述代码中 filterTypeIndex 的值为 0，对应于 filterTypes 的第 0 项，即代表搜索范围是标题。content 则用于保存用户输入的搜索词。采用这种方法，我们可以使用一个数组保存所有的搜索条件：

```
// query.js
data: {
  // 搜索范围。
  filterTypes: require(
    "../../models/filterTypes.js").filterTypes,

  // 搜索条件集合。
  filterViewModelCollection: [
```

```
    {filterTypeIndex: 0, content: ""}]
},
```

16.2.2 设置搜索条件

要了解如何设置搜索条件，请访问右侧二维码。

设置搜索条件

我们首先探讨如何设置搜索范围。我们使用 picker 组件来设置搜索范围。由于用户可以设置多个搜索条件，因此在用户设置搜索范围时，我们需要确定用户在为哪个搜索条件设置搜索范围。在 4.1.2 节，我们基于 view 组件学习了如何获取用户单击的索引。类似地，在使用 picker 组件时，我们也可以通过 data-*属性来传递变量的值，从而确定用户正在设置哪个搜索条件的搜索范围。因此，假设我们使用 filterIndex 变量作为当前正在渲染的对象索引，那么我们就可以将 filterIndex 的值赋值给 filter 组件的 data-filterindex 属性：

```
<!-- Fake codes -->
<view wx:for="{{ filterViewModelCollection }}"
  wx:for-index="filterIndex">
    <picker range="{{ filterTypes }}"
value="{{ filterViewModelCollection[filterIndex].filterTypeIndex }}"
      data-filterindex="{{ filterIndex  }}"
      bindchange="picker_bindchange"
      ...
```

此时，我们就能通过 dataset.filterindex 获得 filterIndex 的值了：

```
// Fake codes
picker_bindchange: function (event) {
  event.target.dataset.filterindex
```

需要注意的一点是，在使用 filter 组件时，我们是通过 target 变量访问 dataset 变量的，而不是像 view 组件那样通过 currentTarget 变量。通过这种方法，我们就能设置搜索范围了：

```
// query.js
data: {
  ...
},

picker_bindchange: function (event) {
  let dataKey = "filterViewModelCollection["
    + event.target.dataset.filterindex
    + "].filterTypeIndex";
  this.setData({[dataKey]: event.detail.value});
},
```

在上面的代码中，用户选择的搜索范围索引保存在 event.detail.value。我们可以将用户选择的搜索范围索引设置到 filterViewModelCollection 中对应搜索条件的 filterTypeIndex 变量。

类似地，我们也可以将搜索词设置到对应搜索条件的 content 变量：

```
// query.js
picker_bindchange: function (event) {
  ...
},
```

```
input_bindinput: function (event) {
  this.data.filterViewModelCollection[
      event.target.dataset.filterindex].content =
    event.detail.value;
},
```

16.2.3 添加与删除搜索条件

要了解如何添加与删除搜索条件，请访问右侧二维码。

添加与删除搜索条件

我们首先来考虑如何添加搜索条件。采用 16.2.2 节的方法，我们已经能够确定用户需要在哪一个搜索条件后面追加搜索条件。现在的问题是，在 JavaScript 中，在数组中插入对象需要使用 splice 函数，在数组后追加对象却需要使用 push 函数。为此，我们需要判断用户需要追加搜索条件的位置是否位于数组的末尾，并根据情况调用对应的函数：

```
// query.js
input_bindinput: function (event) {
  ...
},

addButton_bindtap: function (event) {
  if (event.target.dataset.filterindex <
    this.data.filterViewModelCollection.length - 1) {
    this.data.filterViewModelCollection.splice(
      event.target.dataset.filterindex + 1, 0, {
        filterTypeIndex: 0,
        content: ""
      });
  } else {
    this.data.filterViewModelCollection.push({
      filterTypeIndex: 0,
      content: ""
    });
  }

  this.setData({
    filterViewModelCollection:
      this.data.filterViewModelCollection
  });
},
```

在删除搜索条件时，我们则需要考虑另一个问题。如果用户将最后一个搜索条件删除了，则诗词搜索页上就没有任何搜索条件了，也就不会显示“添加”按钮，导致用户无法再进行任何操作。因此，当用户删除最后一个搜索条件时，我们需要再追加一个空白的搜索条件：

```
// query.js
addButton_bindtap: function (event) {
  ...
},
```

```
removeButton_bindtap: function (event) {
  this.data.filterViewModelCollection.splice(
    event.target.dataset.filterindex, 1);

  if (this.data.filterViewModelCollection.length == 0) {
    this.data.filterViewModelCollection.push({
      filterTypeIndex: 0,
      content: ""
    });
  }

  this.setData({
    filterViewModelCollection: this.data.filterViewModelCollection
  });
},
```

16.2.4 执行搜索

要了解如何执行搜索，请访问右侧二维码。

执行搜索

基于用户提交的搜索条件，我们可以构建数据库的搜索条件。在 7.2.2 节我们曾学习过，微信小程序使用对象作为参数来给出集合中的记录必须满足的条件。因此：

```
{ authorName: '苏轼' }
```

数据库会返回数据库中所有 authorName 为“苏轼”的记录。

不过，这种方法并不能用于搜索诗词。这是由于如果我们将条件设置为：

```
{ content: '春' }
```

则数据库只会返回 content 为“春”的诗词，而非 content 包含“春”的诗词。要想在记录中查找 content 包含“春”的诗词，则需要使用正则表达式：

```
.*春.*
```

上述正则表达式中的“.*”代表任意数量的任意字符。因此，上述正则表达式将匹配任何包含“春”的记录。

在创建正则表达式时，我们需要使用数据库对象，即 dbService 中的 db 变量：

```
_dbService.db.RegExp({
  regexp: ".*春.*",
  options: "i"
});
```

其中，“i”代表不区分大小写。基于上述代码，我们就能形成搜索条件了：

```
// query.js
removeButton_bindtap: function (event) {
  ...
},

queryButton_bindtap: function (event) {
```

```
    var where = {};

    for (var i in this.data.filterViewModelCollection) {
      where[this.data.filterTypes[
          this.data.filterViewModelCollection[i]
          .filterTypeIndex].propertyName] =
        _dbService.db.RegExp({
          regexp: ".*" +
            this.data.filterViewModelCollection[i]
            .content + ".*",
          options: "i"
        });
    }

    _navigationService.navigateTo(
      _navigationService.resultPage, where);
  },
```

在上述代码中，我们将形成的搜索条件传递给搜索结果页，由搜索结果页执行搜索。为此，我们还需要在 navigationService 中添加 resultPage 变量：

```
// 导航服务。
var navigationService = {
  // 推荐详情页。
  todayDetailPage: "/pages/todayDetail/todayDetail",

  // 搜索结果页。
  resultPage: "/pages/result/result",
  ...
```

使用本节提供的方法来执行搜索会导致一个问题：对于一个搜索范围，无论用户设置了多少个搜索条件，只有最后一个搜索条件会发生作用。举例来讲，如果用户设置了如下 3 个搜索条件：标题为春、标题为夏、标题为秋，则最终只有“标题为秋”这一搜索条件会发生作用。这个问题的解决涉及比较复杂的技术，本书就不进一步讨论了。

16.2.5 读取导航参数

要了解如何读取导航参数，请访问右侧二维码。

读取导航参数

最后，我们从 tabNavigationService 中读取导航参数，并根据导航参数设置 filterViewModelCollection，从而自动生成查询条件：

```
// query.js
queryButton_bindtap: function (event) {
  ...
},

onShow: function () {
  var query = _tabNavigationService
    .getParameter(_tabNavigationService.queryPage);

  if (query != null) {
```

```
        this.setData({
          filterViewModelCollection: [{
            filterTypeIndex: 0,
            content: query.title
          }, {
            filterTypeIndex: 1,
            content: query.authorName
          }]
        });
      }
    }
```

我们在上面的代码中生成了两个搜索条件。第一个搜索条件的搜索范围是标题，搜索词来自导航参数的 title 变量。第二个搜索条件的搜索范围是作者，搜索词来自导航参数的 authorName 变量。这样一来，我们就实现了根据导航参数自动设置搜索条件。

16.3 诗词搜索页的渲染层

要了解如何实现诗词搜索页的渲染层，请访问右侧二维码。

实现诗词搜索页的渲染层

在实现了页面逻辑层之后，我们来实现诗词搜索页的渲染层。我们使用列表渲染来显示每一个搜索条件，并通过 data-filterindex 属性来传递当前正在渲染的搜索条件的索引：

```
<!-- query.wxml -->
<view wx:for="{{ filterViewModelCollection }}"
  wx:for-index="filterIndex">
  <view class="filter">
    <picker ...
    <button size="mini"
      data-filterindex="{{ filterIndex }}"
      bindtap="addButton_bindtap">添加</button>
    <button size="mini"
      data-filterindex="{{ filterIndex }}"
      bindtap="removeButton_bindtap">删除</button>
  </view>
</view>
<button bindtap="queryButton_bindtap">查询</button>
```

对于每一个搜索条件，我们使用 picker 组件来显示并设置搜索范围。picker 组件的选项来自 filterTypes 数组。filterTypes 是一个对象数组，其结构为：

```
[
  { name: "标题", propertyName: "title" },
  ...
]
```

由于我们希望 picker 组件中显示出搜索范围的名称如“标题”，因此我们需要将 picker 组件的 range-key 属性设置为“name”，从而使 picker 组件从 filterTypes 数组中每一个对象的 name 变量中读取值并将其显示出来：

```
<!-- query.wxml -->
<view class="filter">
  <picker range="{{ filterTypes }}"
    range-key="name"
    ...
```

picker 组件选中的值则来自用户选择的搜索范围索引：

```
<picker range="{{ filterTypes }}"
  ...
value="{{ filterViewModelCollection[filterIndex].filterTypeIndex }}"
  ...
```

结合上述信息，我们就可以渲染出完整的 picker 组件：

```
<picker range="{{ filterTypes }}"
  range-key="name"
  class="filterViewModelData"
value="{{ filterViewModelCollection[filterIndex].filterTypeIndex }}"
  data-filterindex="{{ filterIndex  }}"
  bindchange="picker_bindchange">
  <view>
    {{ filterTypes[filterViewModelCollection[
      filterIndex].filterTypeIndex].name }}
  </view>
</picker>
```

至此，我们就完成了诗词搜索页的渲染层。

根据 3.1 节的介绍，在 DPM 小程序中，我们有两种途径可以导航到诗词搜索页：一种途径是通过位于界面顶端的导航选项卡；另一种途径则是在推荐详情页上单击“在数据库中查找”按钮。我们将在“动手做”环节中完成这两种导航。

16.4 动手做

（1）DPM 小程序包含一个位于界面顶端的导航选项卡，并且具有自定义的背景颜色。基于 4.2.3 节介绍的知识，请在 app.json 文件中设置 tabBar 的属性，从而实现自定义的背景颜色，并将今日推荐页与诗词搜索页添加到导航选项卡。

（2）基于 4.2.3 节介绍的知识，我们需要在 app.json 文件中设置 window 的属性，从而使微信小程序的导航栏与导航选项卡呈现出一致的样式。请完成 window 属性的设置。

（3）我们来探讨如何从推荐详情页导航到诗词搜索页。为了实现导航，我们需要在 tabNavigationService 中添加 queryPage 变量，用于代表诗词搜索页。请参考 navigationService，在 tabNavigationService 中添加 queryPage 变量。

（4）我们需要修改推荐详情页，增加“在数据库中查找”按钮，用于导航到诗词搜索页，并传递导航参数。请在 todayDetail.wxml 及 todayDetail.js 文件中添加对应的代码，实现上述功能。

16.5 迈出小圈子

复杂列表渲染是一种广泛应用的技术，其在不同的开发平台下有着非常不同的实现方法。在跨平台开发框架 Xamarin.Forms 中，我们推荐使用“ViewModel in ViewModel”技术来实现复杂列表渲染。请尝试在搜索引擎中搜索“"ViewModel in ViewModel"”，注意需要包含半角引号“""”，并学习如何在 Xamarin.Forms 框架中实现复杂列表渲染效果。

第17章 跨页面数据同步

在本章里，我们将完成 DPM 小程序的最后一个功能：诗词收藏。用户在搜索结果页上单击诗词时，会打开诗词详情页。在诗词详情页上，用户可以将诗词添加为收藏。添加为收藏的诗词会显示在诗词收藏页上。我们首先会采用非常基本的方法来实现诗词收藏，并探讨使用这种方法所带来的问题。随后，我们会探讨如何采用跨页面数据同步技术来更优雅地实现诗词收藏。

17.1 诗词收藏的基本方法

17.1.1 添加收藏存储

要了解如何添加收藏存储，请访问右侧二维码。

添加收藏存储

我们首先参考 5.3.1 节的方法，添加一个 favorite 数据库集合。由于诗词收藏属于用户个人，因此我们需要将 favorite 集合的数据权限设置为“仅创建者可读写”。

接下来，我们添加收藏存储文件 favoriteStorage.js。我们使用一个简单的数据结构来保存收藏信息：

```
{
  poetryId: 诗词 id，整数类型。
  isFavorite: 诗词是否被收藏，布尔类型。
}
```

上述数据结构中，poetryId 代表诗词的 id，isFavorite 则代表诗词是否被收藏了。由于“小程序·云开发”数据库会自动区分不同用户的数据，因此我们不必担心不同用户的收藏信息会互相干扰。

基于上述数据结构，我们来判断某一首诗词是否被收藏了：

```
// favoriteStorage.js
// 收藏存储。
var favoriteStorage = {
  // 数据库服务。
  _dbService: require("dbService.js"),

  // 获得一个收藏。
```

```
    // poetryId: 诗词 id，整数类型。
    // callback: 回调函数，接收如下形式的参数。
    // {
    //   poetryId: 诗词 id，整数类型。
    //   isFavorite: 诗词是否被收藏，布尔类型。
    // }
    getFavoriteAsync(poetryId, callback) {
      this.favoriteCollection.where({
        poetryId: poetryId
      }).get({
        success: function (result) {
          if (result.data.length == 0) {
            callback({
            poetryId: poetryId,
              isFavorite: false
            });
          } else {
            callback(result.data[0])
          }
        }
      });
    },
    ...
  }

  favoriteStorage.favoriteCollection = favoriteStorage._dbService.db.collection
("favorite");

  module.exports = favoriteStorage;
```

在上面的代码中，我们首先判断 favorite 集合中是否存在与给定 poetryId 对应的记录。如果存在，就将集合中的记录返回。如果不存在，则代表用户还没有收藏过该诗词，因此诗词的收藏状态是 false。

诗词收藏页需要显示用户收藏的所有诗词。为此，我们添加一个函数用于返回所有收藏的诗词。如 5.3.2 节所述，“小程序・云开发”数据库一次最多返回 20 条记录，而用户收藏的诗词记录很可能超过 20 条，因此我们需要提供翻页功能：

```
  // favoriteStorage.js
  getFavoriteAsync(poetryId, callback) {
    ...
  }

  // 获得所有收藏。
  // skip: 跳过记录的数量，整数类型。
  // take: 返回记录的数量，整数类型。
  // callback: 回调函数，接收一个数组作为参数，数组中的每一项形式如下。
  // {
  //   poetryId: 诗词 id，整数类型。
  //   isFavorite: 是否被收藏，布尔类型。
  // }
  getFavoritesAsync(skip, take, callback) {
    this.favoriteCollection
      .where({
        isFavorite: true
      })
      .skip(skip)
      .limit(take)
      .get({
```

```
      success: function (result) {
        callback(result.data);
      }
    });
  },
```

最后，我们来保存收藏的诗词。“小程序・云开发”数据库在插入不存在的记录时需要调用 add 函数，而更新已经存在的记录时需要调用 update 函数，因此我们首先需要判断 favorite 集合中是否已经存在对应的收藏记录，并分别调用不同的函数：

```
  // favoriteStorage.js
  getFavoritesAsync(skip, take, callback) {
    ...
  }

  // 保存收藏的诗词。
  // favorite：对象类型，其形式如下。
  // {
  //   poetryId：诗词 id，整数类型。
  //   isFavorite：诗词是否被收藏，布尔类型。
  // }
  // callback：回调函数，不带参数。
  saveFavoriteAsync: function (favorite, callback) {
    this.favoriteCollection.where({
      poetryId: favorite.poetryId
    }).get({
      success: function (result) {
        if (result.data.length == 0) {
          favoriteStorage.favoriteCollection.add({
            data: favorite,
            success: function (result) {
              callback();
            }
          });
        } else {
          favoriteStorage.favoriteCollection
            .doc(result.data[0]._id).update({
              data: {
                isFavorite: favorite.isFavorite,
              },
              success: function (result) {
                callback();
              }
            });
        }
      }
    });
  },
```

这样一来，我们就实现了收藏存储。

17.1.2 添加诗词详情页

要了解如何添加诗词详情页，请访问右侧二维码。

添加诗词详情页

我们添加用于显示诗词详情及收藏诗词的诗词详情页。我们在 pages 文件夹中添加 detail 文件夹，并在 detail 文件夹中添加 detail 页面。诗词详情页显示的诗词来自导航参数，因此需要使用 navigationService。同时，诗词详情页需要支持对诗词的收藏，因此需要使用 favoriteStorage：

```
// detail.js
var detailPage = null;

// 内容导航服务。
var _navigationService =
  require("../../services/navigationService.js");

// 收藏服务。
var _favoriteStorage =
  require("../../services/favoriteStorage.js");
```

诗词详情页需要显示诗词详情，因此需要一个 poetry 变量来保存诗词信息。诗词详情页还需要显示诗词的收藏状态，因此需要一个 favorite 变量来保存收藏信息。读取收藏信息需要时间，因此需要一个 loading 变量来提示是否正在载入。我们还需要一个特殊的 isFavorite 变量，我们稍后会介绍 isFavorite 变量的作用。

```
// detail.js
Page({
  /**
   * 页面的初始数据
   */
  data: {
    // 诗词。
    poetry: null,

    // 正在载入。
    loading: false,

    // 收藏。
    favorite: null
  },

  isFavorite: false,


  /**
   * 生命周期函数—监听页面加载
   */
  onLoad: function (options) {
    detailPage = this;
  },
```

在 onShow 函数中，我们读取导航参数，并读取诗词的收藏状态：

```
// detail.js
onLoad: function (options) {
  ...
},

/**
 * 生命周期函数—监听页面显示
 */
onShow: function () {
  var poetry = _navigationService
    .getParameter(_navigationService.detailPage);
```

```
    this.setData({
      poetry: poetry
    });

    this.setData({
      loading: true
    });
    _favoriteStorage.getFavoriteAsync(
      poetry.id,
      function (favorite) {
        detailPage.isFavorite = favorite.isFavorite;
        detailPage.setData({
          favorite: favorite,
          loading: false
        });
      });
  },
```

在上面的代码中，我们在读取诗词的收藏状态之后，会将收藏状态保存在 isFavorite 变量中。因此，isFavorite 变量中保存的是诗词的原始收藏状态。我们稍后会解释为什么要这样做。

我们会在诗词详情页上提供一个开关选择器（switch 组件），用于指示诗词是否被收藏。开关选择器打开表示诗词被收藏了，关闭则表示未被收藏。当用户单击开关选择器时，其开关状态会发生变化。此时，我们需要更新诗词的收藏状态：

```
  // detail.js
  onShow: function () {
    ...
  }

  favoriteSwitch_bindchange: function (event) {
    if (event.detail.value == this.isFavorite) return;
    this.isFavorite = event.detail.value;

    this.setData({
      loading: true,
      "favorite.isFavorite": event.detail.value
    });
    _favoriteStorage.saveFavoriteAsync(
      this.data.favorite,
      function () {
        detailPage.setData({
          loading: false
        });
      });
  },
```

在上面的代码中，我们首先检查开关选择器的开关状态是否与诗词的原始收藏状态一致。如果开关选择器的开关状态与诗词的原始收藏状态一致，则不需要保存收藏状态。这里的问题是，只有在用户单击开关选择器时才会执行 favoriteSwitch_bindchange 函数。如果诗词的原始收藏状态为 false，则开关选择器一定处于关闭状态。此时，如果用户单击了开关选择器，则 event.detail.value 的值一定为 true。因此，诗词的原始收藏状态一定不会与 event.detail.value 的值一样，因此：

```
  event.detail.value == this.isFavorite
```

应该永远都是 false 才对。

不过，上述论述中存在几处谬误。首先，favoriteSwitch_bindchange 函数不是只有在用户单击开关选择器时才会执行。在我们 setData({ favorite: favorite })时，favoriteSwitch_bindchange 函

数也可能会执行：如果开关选择器的原始状态为关闭，而 setData 将收藏状态设置为了 true，则也会执行 favoriteSwitch_bindchange 函数，相反地，如果开关选择器的原始状态为开启，而 setData 将收藏状态设置为了 false，则也会执行 favoriteSwitch_bindchange 函数。其次，诗词的原始收藏状态与开关选择器的开关状态不一定是一致的。默认情况下，开关选择器处于关闭状态。此时，如果待显示的诗词处于收藏状态，就会导致开关选择器开启，从而执行 favoriteSwitch_bindchange 函数。上述情况会导致诗词的原始收藏状态与 event.detail.value 的值一样。此时，由于诗词的收藏状态并未发生变化，因此不需要执行保存操作。

基于上述页面逻辑层代码，我们可以编写诗词详情页的渲染层代码：

```
<!-- detail.wxml -->
<view class="detail name">{{ poetry.title }}</view>
<view class="detail meta">
  <text>{{ poetry.dynasty }}</text> ·
  <text>{{ poetry.authorName }}</text>
</view>
<view class="detail">
  <text>{{ poetry.content }}</text>
</view>
<view wx:if="{{ loading }}" class="detail">正在载入</view>
<view wx:if="{{ !loading }}" class="detail">
  <switch checked="{{ favorite.isFavorite }}"
    bindchange="favoriteSwitch_bindchange">
    {{ favorite.isFavorite ? "已收藏" : "未收藏" }}
  </switch>
</view>

/* detail.wxss */
.detail {
  padding: 16rpx;
  text-align: center;
}

.name {
  font-size: x-large;
}

.meta {
  font-size: smaller;
}
```

17.1.3 导航到诗词详情页

要了解如何导航到诗词详情页，请访问右侧二维码。

导航到诗词详情页

在搜索结果页上单击搜索结果时，我们需要导航到诗词详情页。为此，我们需要在 view 组件上添加 bindtap 属性：

```
<!-- result.wxml -->
<view wx:for="{{ poetries }}"
```

```
  wx:for-index="poetryIndex"
  class="poetry"
  data-poetryIndex="{{ poetryIndex }}"
  bindtap="poetry_bindtap">
  ...
```

在搜索结果页的页面逻辑层，我们需要包含 navigationService：

```
// result.js
var poetryStorage = require('../../services/poetryStorage.js');

// 导航服务。
var _navigationService = require("../../services/navigationService.js");
```

接下来，我们在 poetry_bindtap 函数中导航到诗词详情页：

```
// result.js
loadMore: function () {
  ...
},

poetry_bindtap: function (event) {
  _navigationService.navigateTo(
    _navigationService.detailPage,
    this.data.poetries[
      event.currentTarget.dataset.poetryindex]);
},
```

我们还需要在 navigationService 中添加 detailPage 变量：

```
// navigationService.js
resultPage: "/pages/result/result",

// 诗词详情页。
detailPage: "/pages/detail/detail",
```

现在我们就能从搜索结果页导航到诗词详情页了。

17.1.4 添加诗词收藏页

要了解如何添加诗词收藏页，请访问右侧二维码。

添加诗词收藏页

我们在 pages 文件夹下创建 favorite 文件夹，并创建 favorite 页面。诗词收藏页用于显示诗词收藏，因此需要使用 favoriteStorage。favoriteStorage 返回的结果只包含诗词的 id。要显示出诗词的标题等信息，还需要使用 poetryStorage 来读取诗词的详细信息。单击收藏的诗词需要导航到诗词详情页，因此还需要使用 navigationService：

```
// favorite.js
var favoritePage = null;

// 内容页导航服务。
var _navigationService =
  require("../../services/navigationService.js");

// 收藏存储。
```

```
var _favoriteStorage =
  require("../../services/favoriteStorage.js");

// 诗词存储。
var _poetryStorage =
  require("../../services/poetryStorage.js");

Page({
  ...
```

我们使用数组 poetryFavorites 来保存需要显示的诗词收藏。同时，我们也采用 8.1.2 节的无限滚动来加载数据，因此需要准备与无限滚动相关的变量：

```
// favorite.js
Page({
  /**
   * 页面的初始数据
   */
  data: {
    // 诗词收藏。
    poetryFavorites: [],

    // 载入状态。
    status: ""
  },

  // 能否加载更多诗词。
  _canLoadMore: false,

  // 一页显示的诗词数量。
  PageSize: 20,

  // 正在载入。
  Loading: "正在载入",

  // 您还没有收藏任何诗词。
  NoResult: "您还没有收藏任何诗词",

  // 没有更多收藏。
  NoMoreResult: "没有更多收藏",

  /**
   * 生命周期函数--监听页面加载
   */
  onLoad: function (options) {
    favoritePage = this;
  },

  onShow: function () {
    this.setData({ poetryFavorites: [] });
    this._canLoadMore = true;
    this.loadMore();
  },

  /**
   * 页面上拉触底事件的处理函数
   */
  onReachBottom: function () {
   if (this._canLoadMore) {
     this.loadMore();
```

```
    }
  },
  ...
```

favoriteStorage 返回的结果是一组收藏记录，其中只包含诗词的 id，并不包含诗词的标题等信息。针对这一问题，我们设计了一个 toPoetryFavorites 函数，其会将如下形式的收藏记录：

```
{
  isFavorite: true,
  poetryId: 2
}
```

转化为诗词收藏数据：

```
{
  favorite: {
    isFavorite: true,
    poetryId: 2
  },
  poetry: {
    authorName: "纳兰性德",
    content: "正是辘轳金井...,
    dynasty: "清代",
    id: 2,
    title: "如梦令·正是辘轳金井"
  }
}
```

值得注意的一个问题是，favoriteStorage 一次会返回一组收藏记录，而我们需要逐个诗词地调用 poetryStorage 的 getPoetryAsync 获得每首诗词的标题等信息，如下述第 13 行、第 14 行代码所示。由于 getPoetryAsync 函数是基于回调函数来异步执行的，在回调函数中，我们需要基于诗词 id 确定诗词在收藏记录中的索引，如下述第 17 行、第 18 行代码所示，并更新对应位置的诗词收藏数据，如下述第 19 行～第 22 行代码所示。在收集到所有收藏记录所对应的诗词信息之后，toPoetryFavorites 将通过回调函数返回执行结果，如下述第 24 行～第 26 行代码所示。

```
1   onReachBottom: function () {
2     ...
3   },
4
5   toPoetryFavorites: function (favorites, callback) {
6     var numberFavorites = favorites.length;
7     var poetryFavorites = [];
8
9     if (numberFavorites == 0) {
10      callback(poetryFavorites);
11    }
12
13    for (var i in favorites) {
14      _poetryStorage.getPoetryAsync(
15        favorites[i].poetryId,
16        function (poetry) {
17          for (var j in favorites) {
18            if (favorites[j].poetryId == poetry.id) {
19              poetryFavorites[j] = {
20                poetry: poetry,
21                favorite: favorites[j]
22              };
23
24              numberFavorites--;
25              if (numberFavorites == 0) {
```

```
26              callback(poetryFavorites);
27            }
28          }
29        }
30      });
31    }
32  },
```

利用 toPoetryFavorites 函数，我们就可以参考 8.1.2 节的方法加载用户收藏的所有诗词了：

```
// favorite.js
toPoetryFavorites: function (favorites, callback) {
  ...
}

loadMore() {
  if (!this._canLoadMore) return;
  this.setData({ status: this.Loading });

  _favoriteStorage.getFavoritesAsync(
    this.data.poetryFavorites.length,
    this.PageSize,
    function (favorites) {
      favoritePage.toPoetryFavorites(
      favorites,
        function (poetryFavorites) {
          favoritePage.setData({
           poetryFavorites:
             favoritePage.data.poetryFavorites
               .concat(poetryFavorites) });

        if (poetryFavorites.length <
          favoritePage.PageSize) {
          favoritePage._canLoadMore = false;

          if (favoritePage.data.poetryFavorites
            .length == 0 && poetryFavorites
            .length == 0) {
            favoritePage.setData({
              status: favoritePage.NoResult
            });
          } else {
            favoritePage.setData({
              status: favoritePage.NoMoreResult
            });
          }
        } else {
          favoritePage.setData({ status: "" });
        }
      });
  });
},
```

最后，我们还需要更新 app.json 文件，添加诗词收藏页选项卡：

```
// app.json
"list": [
  ...
  {
    "pagePath": "pages/favorite/favorite",
    "text": "收藏"
  }
]
```

至此，我们就完成了与诗词收藏有关的全部功能。

17.1.5 基本方法存在的问题

采用上述方法已经能够实现一个功能完备的诗词收藏页了。事实上，我们在很多时候都是采用上述方法实现类似的功能的。然而，采用这种方法实现的诗词收藏页却存在着一个明显的问题：每次打开诗词收藏页，都需要重新加载数据。由于诗词收藏数据保存在“小程序·云开发”数据库中，重新加载诗词收藏数据会耗费一段时间，导致用户必须在此时段内等待。这给用户带来了不好的体验。

在 Web 开发中则不存在上述问题。在访问 Web 时，用户已经习惯了每个网页都需要重新加载。因此，如果用户单击了网站上的“查看诗词收藏”链接，则用户自然会理解网页需要重新载入，并因此而习惯性地等待一段时间。然而，微信小程序呈现的形式却更接近于本地应用，用户会期待微信小程序以更快的速度呈现数据，尤其是“诗词收藏列表”这类需要反复打开的数据。如果每次打开诗词收藏页都必须等待，用户肯定会获得不良的体验。

要解决这一问题，我们需要改变诗词收藏数据的载入方法。在首次打开诗词收藏页时，我们不可避免地需要访问云开发数据库。因此，首次打开诗词收藏页的等待时间将是不可避免的。那么，我们能否设法缩短用户再次打开诗词收藏页的等待时间呢？

如果用户在打开并离开诗词收藏页之后的时间里并没有添加新的收藏或删除已有的收藏，则诗词收藏数据不会变化。此时，我们可以直接复用已有的诗词收藏数据，不需要访问云开发数据库。如果用户在打开并离开诗词收藏页之后添加了新的收藏或删除了已有的收藏，则我们可以设法获知用户具体添加或删除了哪个收藏，并将添加或删除的操作应用到现有的诗词收藏列表上。这样一来，我们即便不再次访问云开发数据库，也能确保诗词收藏列表中的数据是正确的。

现在的问题是，诗词收藏页如何才能获知用户添加或删除了哪个收藏呢？我们将在 17.2 节解决这一问题。

17.2 回调函数驱动的诗词收藏

17.2.1 收藏存储已更新回调函数

诗词的收藏工作由 favoriteStorage 负责。因此，诗词收藏页可以通过 favoriteStorage 获知用户添加或删除了哪个收藏。由于只有 favoriteStorage 知道收藏在何时添加或删除，因此在用户添加或删除诗词收藏时，必须由 favoriteStorage 主动告知诗词收藏页。

不过，按照 6.2.3 节的介绍，favoriteStorage 位于较高层的服务逻辑层，而诗词收藏页的 JavaScript 代码位于较低层的页面逻辑层。在通常情况下，只有较低的层次能够调用较高的层次，如层次相对较低的渲染层可以调用层次相对较高的页面逻辑层，同时层次相对较低的页面逻辑层可以调用层次相对较高的服务逻辑层。这种从较低层次到较高层次的单向依赖能够帮助我们理顺复杂的业务逻辑，形成清晰的架构设计。

现在的问题是，层次较高的服务逻辑层的 favoriteStorage 需要将诗词收藏的添加与删除情况告知层次较低的页面逻辑层的诗词收藏页，同时单向依赖又禁止服务逻辑层调用页面逻辑层。此时我们应该怎么办呢？

我们的做法是在 favoriteStorage 中添加一个回调函数。我们在 favoriteStorage 中添加一个变量

_updatedEventListener 作为“收藏存储已更新回调函数”。当用户添加或删除诗词收藏时，都调用_updatedEventListener 回调函数，从而将诗词收藏的变化情况发送出去：

```
// favoriteStorage.js
_dbService: require("dbService.js"),

// 收藏存储已更新回调函数。
_updatedEventListener: null,
...
saveFavoriteAsync: function (favorite, callback) {
  this.favoriteCollection.where({
    poetryId: favorite.poetryId
  }).get({
    ...
  });

  if (this._updatedEventListener != null) {
    this._updatedEventListener(favorite);
  }
},
```

我们通过 setUpdatedEventListener 设置_updatedEventListener：

```
// favoriteStorage.js
saveFavoriteAsync: function (favorite, callback) {
  ...
}

// 设置收藏存储已更新回调函数。
// listener：回调函数，接收如下形式的参数。
// {
//   poetryId：诗词 id，整数类型。
//   isFavorite：诗词是否被收藏，布尔类型。
// }
setUpdatedEventListener: function(listener) {
  this._updatedEventListener = listener;
}
```

现在，favoriteStorage 只需要关注_updatedEventListener 就可以将诗词收藏数据的变化情况发送出去。favoriteStorage 本身并不清楚_updatedEventListener 回调函数的实际代码位于哪个层次，也就避免了“服务逻辑层调用页面逻辑层”这种违反层次间单向依赖的情况。

17.2.2 关联回调函数

我们在诗词收藏页中向 favoriteStorage 关联收藏存储已更新回调函数。在此之前，我们首先需要修改原有的代码。在原有的代码中，页面每次显示时都需要重新加载收藏数据。我们将其修改为只在页面加载时载入收藏数据：

```
// favorite.js
onLoad: function (options) {
  favoritePage = this;

  this.setData({ poetryFavorites: [] });
  this._canLoadMore = true;
  this.loadMore();
},

onShow: function () {
  this.setData({ poetryFavorites: [] });
```

```
    this._canLoadMore = true;
    this.loadMore();
  },
```

接下来，我们注册收藏存储已更新回调函数：

```
// favorite.js
onLoad: function (options) {
  favoritePage = this;
  _favoriteStorage.setUpdatedEventListener(
    this.onFavoriteStorageUpdated);
  ...
},

onFavoriteStorageUpdated: function (favorite) {
  var poetryFavorites = this.data.poetryFavorites;

  for (var i in poetryFavorites) {
    if (poetryFavorites[i].favorite.poetryId
      == favorite.poetryId) {
      poetryFavorites.splice(i, 1);
      this.setData({ poetryFavorites: poetryFavorites });
      break;
    }
  }

  if (favorite.isFavorite) {
    this.toPoetryFavorites([favorite], function (results) {
      poetryFavorites.splice(0, 0, results[0]);
      favoritePage.setData(
        { poetryFavorites: poetryFavorites });
    });
  }
},
```

在上面的代码中，我们首先将发生变化的诗词收藏从现有诗词收藏列表中删除。如果诗词的最终状态为收藏，则将诗词添加到诗词收藏列表的最顶端，从而确保最新的收藏显示在列表的最顶端。通过这种方法，我们就能在不重新访问数据库的情况下，始终保持诗词收藏页中的数据为最新的状态，确保用户获得良好的使用体验。

17.3 动手做

我们已经几乎完成了 DPM 小程序的开发。现在我们进行最后的收尾工作。

（1）今日推荐页上依然残留着一些测试数据。请你调整今日推荐页，删除测试用的数据。

（2）请你添加一个关于页面，在页面上添加上开发者的信息，并添加一个“关于”选项卡导航到关于页面。

17.4 迈出小圈子

在 JavaScript 中实现回调驱动的诗词收藏并不是一件容易的事情，不过在 C#语言中，我们却可以很容易地使用一种被称为“事件”的机制来实现类似的效果。请查找如何在 C#中定义事件、关联事件处理函数，以及触发事件，并思考“事件”机制的优点和不足分别是什么。

17.5 下一步的学习

我们的微信小程序之旅到这里就要告一段落了。经过这段时间的学习，你一定已经了解了如何采用分层架构开发优雅、稳健的微信小程序。

微信小程序的架构大量参考了三大前端框架：Vue.js、React 以及 AngularJS。如果你想进一步学习面向复杂系统与问题的软件架构，推荐你深入地学习 Vue.js、React 以及 AngularJS 的架构原理。人民邮电出版社出版了一系列相关图书，我们可以很容易地找到非常不错的参考资料。

本书介绍的分层架构不仅适用于微信小程序，也适用于其他客户端甚至服务器端开发场景。笔者曾经编写过采用类似的分层架构开展客户端-服务器端全栈开发的图书，希望能为对客户端-服务器端全栈开发感兴趣的读者提供参考。

微信小程序是一个不断“进化”的平台。微信官方文档是一个很好的学习微信小程序最新特性的地方，尤其是官方文档的“更新日志”栏目。经常关注更新日志，我们总能有新的发现。

技术的学习是无止境的。希望在未来的学习道路上，我们还能再次相遇。